W0284342

Fabian Schaub
Wie Unternehmen Menschen entfalten können

Für Herbert,
viel Freude
beim Lesen!
Fabian

FABIAN SCHAUB

# Wie Unternehmen Menschen entfalten können

## Warum High Performance Sinn und Leidenschaft braucht

BOURDON
VERLAG

Bibliografische Information der Deutschen Nationalbibliothek

Die Deutsche Nationalbibliothek verzeichnet diese Publikation
in der Deutschen Nationalbibliografie; detaillierte bibliografische Daten
sind im Internet unter http://dnb.d-nb.de abrufbar.

© Bourdon Verlag GmbH, Hamburg 2019

Umschlaggestaltung: Lena Vansteenkiste | www.lenavansteenkiste.de
Umschlagfotos: © 2dmolier/Adobe Stock; © julvil/Adobe Stock; © Thawat Tanhai/123RF
Satz und Layout: Das Herstellungsbüro, Hamburg | www.buch-herstellungsbuero.de
Druck und Bindung: CPI GmbH
Printed in Germany

ISBN 978-3-947206-09-4

Alle Rechte vorbehalten

www.bourdon-verlag.de

# Inhalt

# Vorwort

An einem sonnigen Frühlingstag sitze ich mit meinem Team auf der Dachterrasse unseres Büros im Frankfurter Gallusviertel und höre gespannt der Diskussion zu. Ich nehme einen großen Schluck Kaffee aus meiner Lieblingstasse und atme tief ein und aus. Wir sollen in 30 Minuten unserem Top-Management die Ergebnisse unserer Arbeit präsentieren und haben die Chance, die Kernpunkte zu nennen, die dazu geführt haben, dass wir überhaupt ein Ergebnis vorweisen können.

Noch vor vier Monaten wäre es nicht vorstellbar gewesen, dass wir heute an diesem Punkt sind. Wir wurden als Spezialteam zusammengestellt und sollten ein scheinbar unmöglich zu realisierendes Projekt umsetzen. Es ging um sieben Millionen Euro Umsatz durch ein Produkt, das wir für unseren Kunden bauen sollten. Von allen Seiten wurde uns suggeriert, wir könnten das niemals schaffen, und am Anfang haben wir selbst auch nicht wirklich daran geglaubt.

Doch wenn außergewöhnliche Menschen mit großer Leidenschaft zusammenkommen, dann wird selbst das Unmögliche möglich. Es waren vier intensive Monate mit wenig Schlaf und vielen Momenten der Verzweiflung, aber am Ende hatten wir es trotz allem geschafft, den Termin zu halten und unserem Kunden das versprochene Produkt zu liefern.

Unser Produkt war ein Stück Software, und die größte Herausforderung war, dass wir keine Umgebung hatten, auf der diese Software lief. Stell dir vor, du hast einen fertigen Film und möchtest ihn deinen Eltern zeigen, doch hast kein Gerät, um den Film abzuspielen. Unsere Aufgabe war es, ein Abspielgerät zu bauen, auf dem unser Film läuft.

Die Herausforderung dabei war, dass wir nicht genau wussten, wie so ein Abspielgerät gebaut wird, und daher trafen wir die Entscheidung, in kurzen Zyklen zu arbeiten und schnell Ergebnisse zu produzieren, aus denen wir lernen konnten. So passierte es beispielsweise, dass unser bester Softwarearchitekt eine Art Abspielgerät gebaut hatte, doch es anzuschalten dauerte sehr lange, und falls es mal ausging, brauchten wir drei Tage, um es wieder in Gang zu bringen. Er sah sich genau an, woran das lag, lernte daraus und baute es nochmal. Unser Vorgehen kann man auch als »agiles Arbeiten« bezeichnen.

Zurück auf die Dachterrasse. Es sind noch 15 Minuten bis zum Start des Managementmeetings, auf dem wir unser Produkt vorstellen und von unseren wichtigsten Erfahrungen berichten sollen. Wir sind uns einig, dass uns zwei Punkte wichtig sind:

1. Die Verantwortung für das Produkt soll komplett auf das Team übergehen.
2. Wir brauchen Raum und Zeit, um zwingende Nacharbeiten zu erledigen, die durch den hohen zeitlichen Druck aufgeschoben worden sind.

Noch zehn Minuten bis zum Meeting. Unsere beiden Top-Manager kommen zu uns auf die Dachterrasse. Beide sind für sich genommen gute und sehr kompetente Menschen, haben jedoch zusammen einfach keine gemeinsame Basis. Immer herrscht ein Kräftezerren zwischen den beiden, und jedem ist klar, dass nur einer gewinnen kann. Der Gewinner wird perspektivisch eine große Abteilung aufbauen dürfen, viel Budget bekommen und seine Position innerhalb des Unternehmens stärken können. Wir erzählen kurz von den zwei Punkten, die uns wichtig sind und die wir auf jeden Fall kommunizieren wollen, und dann passiert etwas Erstaunliches, das ich so noch nie erlebt habe.

»Sagt das bitte nicht so«, sagt einer der beiden Manager.
»Das ist ein hochpolitisches Thema zwischen unseren Abteilungen«, sagt der andere.

»Lasst uns darüber nach dem Meeting nochmal reden, aber diese Punkte dürft ihr nicht kommunizieren«, sagt der erste wieder.
Wir verstehen die Welt nicht mehr. Natürlich sind uns diese politischen Machtspiele bekannt – aber uns den Mund zu verbieten, bei einem Thema, das uns extrem wichtig ist? Vor allem bei zwei so logischen Punkten?

An diesem Tag, in dieser Sekunde habe ich erlebt, wie eine Führungskraft innerhalb von Sekunden aus einem Hochleistungsteam einen Scherbenhaufen machen kann.

Drei Wochen später kündigte ich. Viele Außenstehende fragten mich, warum ich das getan hätte. Es schien doch alles zu stimmen: Führungskräfteentwicklungsprogramm, extrem gut vernetzt und hoch bezahlt – mir stand die perfekte Karriere bevor. So schien es zumindest. Aber mein Herz sagte mir, ich müsse etwas verändern. Ich konnte in diesem Umfeld nicht mehr arbeiten.

Vier Wochen später gab es unser Team nicht mehr. Ich übertreibe nicht, wenn ich sage, dass jedes einzelne Teammitglied ein absoluter Überflieger war. Menschen mit unglaublicher Leidenschaft und unendlichem Hunger nach Wissen und Fortschritt. Es gab keine Probleme, es gab nur Lösungen. Jeder fand innerhalb kürzester Zeit in unserem damaligen Konzern ein neues Projekt, und wir entschieden gemeinsam, dass wir in diesem Rahmen und unter diesen Führungskräften nicht mehr weiterarbeiten würden.

Die Entscheidung war für uns ganz einfach, denn wir wussten, wie der Rahmen auszusehen hatte, in dem wir arbeiten wollten, und wir haben genau das klar kommuniziert und daran gearbeitet, dass unser Umfeld es uns ermöglicht, unser Potenzial zu nutzen. Aber unsere Führungskräfte glaubten, sie wüssten es besser. Ihre eigene Macht und ihr Ego waren ihnen wichtiger als das Team.

Das Umfeld, das wir als Unternehmen aufbauen, entscheidet maßgeblich über die Performance von Menschen und Teams und wird durch unsere

Ergebnisse transparent. Das Umfeld, in dem Menschen voller Leidenschaft ihr Potenzial ausschöpfen. In dem sie die Freiheit haben, selbstständig zu denken und die Verantwortung für ihr Produkt übernehmen. Das zeichnet für mich ein modernes Unternehmen aus, und meine große Leidenschaft ist es, genau solche Organisationen aufzubauen.

Das Wissen, das ich in diesem Team erlangt hatte und das die Basis dieses Buches ist, war und ist für mich zu wertvoll, um es für mich zu behalten. Ich bin davon überzeugt, dass wir uns wieder auf den Menschen und die Beziehungen zwischen Menschen fokussieren müssen und dass Unternehmen in der heutigen Zeit nur überleben können, wenn sie wieder menschenfreundlich werden.

Warum schaffen einige Unternehmen es, die besten Mitarbeiter an sich zu binden, kontinuierlich Innovationen zu liefern und immer weiter zu wachsen, andere hingegen nicht?

Warum können Startups innerhalb kürzester Zeit das Geschäftsmodell eines etablierten Großkonzerns so verändern und neu erfinden, dass dieser signifikante Marktanteile verliert?

Warum produzieren viele Großkonzerne trotz Milliarden Euro und tausenden Mitarbeitern keine hochwertigen Ergebnisse?

Die Antwort liegt in dem Rahmen, den das Unternehmen aufgebaut hat. Dieser besteht aus dem Warum, der Vision, den Werten und Prinzipien und der Kultur des Unternehmens. In diesem Rahmen gibt es eine goldene Regel: Jede Idee sollte so schnell wie möglich umgesetzt werden, damit man messen kann, ob sie das gewünschte Ergebnis erzielt, und man hinterher daraus lernen kann, um die Idee zu verbessern und wieder zu messen und wieder dazuzulernen. Um diesen Zyklus aus Bauen, Messen, Lernen immer schneller zu durchlaufen, müssen wir mutige Entscheidungen treffen, die Ideen immer am Markt und damit am Kunden erproben und die verfügbaren Ressourcen bestmöglich einsetzen.

Dieses Vorgehen wird im 21. Jahrhundert auch als »agiles Arbeiten« bezeichnet, und die Unternehmen, die einen Rahmen geschaffen haben, in dem diese Art zu arbeiten möglich ist, als eine »agile Organisation«.

Im Fokus stehen dabei immer der Mensch und seine Persönlichkeit. Eine agile Organisation besteht aus Mitarbeitern, die mit Freude und Leidenschaft ihrem Beruf nachgehen und die Möglichkeit erhalten, ihr volles Potenzial auszuschöpfen.

Dieses Buch enthält meine Geschichten und meine Sichtweise auf Agilität. Dabei bedeutet Agilität per Definition, dass wir flexibel und veränderbar sind. Daher findest du hier keinen Blueprint, den du 1:1 auf dein Business anwenden kannst. Das Ziel von Agilität ist, dass du deinen eigenen idealen Weg findest. Doch einen bestimmten Weg vorgeben kann ich nicht, denn nicht der Weg ist entscheidend, sondern die Frage, warum du ihn gehst und in welche Richtung er führt.

Agilität zieht eine grundsätzliche Veränderung von Unternehmen nach sich, und es muss sich das Verständnis etablieren, dass wir das »Business« nicht »gewinnen« können. Es gibt kein Ende, und das Ziel eines jeden Unternehmens muss es sein, mit seinen verfügbaren Ressourcen so lange wie möglich im Spiel zu bleiben. Agilität hilft dabei.

Dieses Buch ist eine praxisorientierte Darstellung von Leitlinien, Prinzipien und Methoden, die ursprünglich aus der Automobilindustrie kommen, dann für die Softwareentwicklung übersetzt wurden und jetzt in jedem Unternehmen Anwendung finden.

Teil 1

# UNTERNEHMERTUM

## Disruption – warum wir uns verändern müssen

Es ist der 21. April 2019, in einem kleinen ländlichen Dorf mit knapp 450 Einwohnern nahe Limburg an der Lahn. Meine Familie sitzt zusammen am Tisch und genießt den Ostersonntag, als meine Mutter auf eine Idee kommt: »Fabian, kannst du nicht endlich mal in deinem Zimmer die Sachen wegwerfen, die du nicht mehr brauchst?« Ich sage, mit gut gefülltem Bauch: »Ja klar!«, weil ich weiß, dass es an der Zeit ist, die alten Sachen auszusortieren. Nicht so klar ist mir hingegen, was ich entdecken werde, als ich später in mein altes Kinderzimmer gehe. Gleich in der ersten Schublade sticht mir mein Nokia 3310 ins Auge. Das habe ich damals mit zwölf Jahren bekommen, als es gerade neu auf den Markt kam. In diesem Moment habe ich gemischte Gefühle, denn in meiner Erinnerung ist diese Zeit noch gar nicht so lange vorbei. Wenn ich mir aber daneben mein aktuelles Smartphone anschaue, dann wird mir wieder so richtig bewusst, wie schnell sich Technologie heutzutage entwickelt und wie wichtig es für Unternehmen ist, den Anschluss zu behalten und die Rolle des Gestalters zu übernehmen.

Seit dem Nokia 3310 sind fast 20 Jahre vergangen. Ein klassisches Handy kauft heute kaum noch jemand. Seit Steve Jobs 2007 das iPhone vorgestellt hat, befinden wir uns in der Ära der Smartphones. 2008 wurde der direkte Konkurrent Android vorgestellt, und das soziale Netzwerk Instagram gibt es erst seit 2010. Im Jahr 2007 war Elektromobilität eine Randerscheinung. 2008 produzierte Elon Musk den ersten Tesla, seit 2012 gibt es das Model S und heute, im Jahr 2019, verkauft Tesla in Kalifornien mehr Autos als Mercedes. Ich höre in diesem Zusammenhang immer wieder das Wort »Disruption«. Damit ist gemeint, dass ein Geschäftsmodell »zerstört« oder »zerrissen« wird. Es entstehen »Unordnung« und »Chaos«, und neue Unternehmen etablieren sich am Markt. Während in

Deutschland im Alltag noch ganz normale Taxis genutzt werden, gibt es in den USA Uber, eine Plattform, die ihr Geld damit verdient, zwischen Fahrern und Fahrgästen zu vermitteln. Uber besitzt keine eigene Flotte an Autos. Potenzielle Fahrer können jederzeit frei entscheiden, wann sie jemanden befördern und somit Geld verdienen wollen. Uber hat mit diesem System 2018 1,27 Mrd. USD Umsatz generiert und einen ganzen Markt verändert.

**Du hast alles, was du brauchst, um selbst zum Gestalter der Digitalisierung zu werden.**

Es gibt eine inoffizielle Liste mit dem Namen »dead by amazon«. Dort sind alle Unternehmen aufgeführt, die Konkurs anmelden mussten, weil Amazon deren Geschäftsmodell einfacher, schneller und besser umgesetzt hat. In meiner Kindheit bin ich öfter mit meinen Eltern bei Toys »R« Us einkaufen gewesen. Im Jahr 2017 hat dieser ehemalige Gigant Insolvenz angemeldet und ist in seiner damaligen Form vom Markt verschwunden. Heute werden einige Läden und der Onlineshop von einem neuen Besitzer betrieben, aber an die Erfolge von damals wird dieses Unternehmen wahrscheinlich nie wieder anknüpfen können. Das hört sich im ersten Moment vielleicht bedrohlich an, und falls du selbst ein Unternehmen besitzt, könntest du dich fragen, ob auch du vom Markt verschwinden wirst. Meine Antwort darauf hängt von deinem Mindset ab, denn du hast alles, was du brauchst, um selbst zum Gestalter der Digitalisierung zu werden. Insofern hast du keinen Grund, an der Überlebensfähigkeit deines Unternehmens zu zweifeln.

Die Herausforderung des modernen Unternehmertums ist es, das eigene Geschäftsmodell mit den aktuellen Technologien zu verknüpfen und etwas Neues zu erschaffen. Vor einer Weile durfte ich mit einem Kunden über die Veränderung seines Geschäftsmodells sprechen. Der Kunde ist ein Mittelständler mit einem Umsatz im mittleren dreistelligen Millionenbereich. Aktuell verkauft er seine Produkte hauptsächlich an Geschäftskunden, und das per Telefon. Das Geschäft läuft extrem gut. Aber was, wenn Amazon auf einmal die gleichen Produkte verkaufen würde? Der Kunde argumentierte: »Das wird niemals möglich sein, denn meine

Produkte sind sehr speziell, und aktuell können nur wir sie herstellen.« Doch was, wenn ein Startup anfinge, ähnliche Produkte herzustellen, die das gleiche Problem lösen, und diese über Amazon zu verkaufen? Durch die Auslagerung des Verkaufsprozesses hätte dieses Startup zwar das gleiche Produkt, aber ein anderes Geschäftsmodell. Nach einer langen Diskussion fanden wir gemeinsam die perfekte Lösung: Er baute selbst einen Onlineshop auf und fing an, seine Produkte über Amazon zu verkaufen. Er konzipierte selbst das Geschäftsmodell, das ihn am meisten bedrohte. Einfach gesagt: Er digitalisierte sein Geschäftsmodell, bevor ihm ein Konkurrent zuvorkommen konnte.

Digitalisierung wird oftmals als Buzzword benutzt und abstrakt dargestellt. Uns sollte aber bewusst sein, dass die Digitalisierung nichts ist, was jetzt erst anfängt oder erst noch auf uns zukommt. Wir sind seit Jahren mittendrin. Aus meiner Sicht besteht die Herausforderung darin, die Möglichkeiten in greifbare Ergebnisse umzuwandeln. Schon heute gibt es fast kein Unternehmen mehr, das nicht digital ist. Bereits wenn du eine Rechnung einscannst und per E-Mail deinem Buchhalter schickst, nutzt du einen digitalen Prozess.

Wenn Experten über die Digitalisierung sprechen, dann meinen sie neue Technologien wie 5G. Diese ist der Nachfolger von LTE, das wir heute nutzen, um beispielsweise mit dem Smartphone eine Verbindung zum Internet herzustellen. LTE hat den Nachteil, dass es immer eine kleine Latenz gibt. Erlebt hast du diese bestimmt schon hundertmal, und zwar immer dann, wenn du eine Website im Internet öffnen möchtest und diese einfach nicht lädt. Bei 5G gibt es diese Latenz nicht mehr. Es ist eine Echtzeitkommunikation, bei der auf eine Anfrage sofort eine Antwort kommt. Hier braucht es Kreativität, um neue Anwendungsmöglichkeiten zu finden und diese erfolgreich am Markt zu etablieren. In den nächsten Jahren werden wir neue Geschäftsmodelle erleben, die genau diesen technologischen Vorteil nutzen. Diese Technologien sind aus meiner Sicht allerdings nicht die eigentliche Herausforderung, sondern der Mensch: Unternehmen bestehen aus Menschen, und damit ein Unternehmen innovativ sein kann, müssen wir für Innovationen bereit sein.

**Agilität beschreibt sowohl ein Mindset als auch eine Sammlung von Methoden.**

Die Geschwindigkeit, mit der sich neue Technologien entwickeln und Menschen sich neue Anwendungsmöglichkeiten für diese Technologien einfallen lassen, nimmt stetig zu. Wenn es um 5G geht, haben Unternehmen wie die Deutsche Telekom oder Vodafone in Deutschland einen entscheidenden Vorteil, aufgrund ihrer verfügbaren Geldmittel und etablierten Marktstellung. Konzerne sind allerdings genauso häufig von starren Strukturen und langen Entscheidungswegen geprägt. Das passende Buzzword heißt »Agilität« (bzw. »agile Organisation«). Agilität beschreibt sowohl ein Mindset als auch eine Sammlung von Methoden.

Für den Begriff der Organisation gibt es keine einheitliche Definition. Die angelsächsische Organisationsforschung versteht jedes Unternehmen als Organisation. Aus meiner Perspektive erfüllen Unternehmen einen bestimmten Zweck, beispielsweise ein Verlag, dessen Aufgabe es ist, Bücher herzustellen. Damit der Verlag seine Aufgabe erfüllen kann, müssen viele Menschen miteinander arbeiten, vom Autor bis zum Buchbinder. Die Abläufe, Kommunikationswege oder Kultur des Verlags sind für mich Teile der Organisation. Sie beschreibt die Art und Weise, wie Menschen miteinander arbeiten.

Wenn Unternehmen und damit auch Organisationen agiler werden sollen, dann müssen sie Wege finden, zeitnah, effektiv und nachhaltig auf Veränderungen zu reagieren. Innovative Unternehmen, die neue Geschäftsmodelle entwickelt haben, sind immer in der Lage gewesen, schnell auf neues Wissen zu reagieren. Dass Innovationen manchmal disruptiv sein können, hat die Geschichte immer wieder bewiesen. Denn wenn ein Unternehmen ein anderes vom Markt verdrängt, muss dessen Geschäftsführer zwangsläufig sein Unternehmen schließen und Insolvenz anmelden. Genauso schaffen diese Innovationen aber neue Arbeitsplätze. Unsere Wirtschaft entwickelt sich kontinuierlich weiter, und dabei gibt es genau zwei Gewissheiten:

1. Deinen Job wird es so, wie du ihn heute ausführst, in 20 Jahren wahrscheinlich nicht mehr geben.
2. Du wirst einen neuen Job haben, weil du dich genauso weiterentwickelst wie die Unternehmen und die Technologie.

Die Frage, mit der ich mich in diesem Kontext am liebsten beschäftige, lautet: Wie baue ich ein Unternehmen / eine Organisation so auf, dass Menschen Höchstleistungen erzielen können, dabei Spaß haben und die Flexibilität / Agilität besitzen, Innovationen zu gestalten?

## Mythos Agilität

**Höchstleistung entsteht selten durch Zufall.**

Höchstleistung entsteht selten durch Zufall. Doch bevor wir darüber sprechen, wie du ein Umfeld aufbaust, in dem Menschen und Teams ihr Potenzial ausschöpfen, sollten wir uns damit beschäftigen, wie die aktuelle Situation in vielen Unternehmen aussieht. Viele nehmen sich vor, »agiler« zu werden. Doch was heißt das genau?

In der Literatur gibt es keine einheitliche Definition für Agilität, und selbst das Wort »agil« hat unterschiedliche Bedeutungen. Die Verbreitung dieses Wortes begann im Kontext der Softwareentwicklung im Jahr 2001 durch Unterzeichnung des »Manifesto for Agile Software Development«. 17 bekannte Softwareentwickler beschrieben darin Prinzipien und Leitlinien, um ein agiles Umfeld für die Softwareentwicklung zu schaffen. Mit anderen Worten: Das Agilitäts-Manifest beschreibt einen Rahmen und wurde ursprünglich für kleine Teams konzipiert. Für die operative Umsetzung der Agilitäts-Prinzipien gibt es verschiedene Methoden, wie beispielsweise Scrum oder Design Thinking. Jede dieser Methoden ist mit den Grundgedanken des Lean Management verknüpfbar. Das Lean Management selbst wurde erstmals in den 50er-Jahren von Taiichi Ōno beschrieben. Er analysierte die Leitlinien und Philosophien von Toyota und entwickelte daraus den Begriff des Lean Management, der eine möglichst »schlanke« Wertschöpfungskette beschreibt, in der nur so viel getan wird, wie notwendig ist. Dieses minimalistische Denken, verbunden mit einem hohen Qualitätsstandard, führte bei Toyota zu außergewöhnlichen Ergebnissen.

**Die drei wesentlichen Schritte des agilen Arbeitens sind Transparenz, Überprüfung und Anpassung.**

In der Theorie basiert die agile Vorgehensweise auf einem empirischen Vorgehensmodell, in dem davon ausgegangen wird, dass Wissen aus Erfahrung hervorgeht. Das bedeutet, dass große Projekte in kleinere Teilschritte zerlegt werden, wobei versucht wird, aus dem vorherigen Schritt und dem daraus resultierenden Zwischenergebnis Schlüsse zu ziehen, bevor der nächste Schritt geplant wird. Die drei wesentlichen Schritte des agilen Arbeitens sind Transparenz, Überprüfung, Anpassung: Sowohl Fortschritte als auch Probleme müssen offen und für jeden erkennbar dargelegt werden. Die Ursachen und Wirkungsweisen müssen analysiert und getroffene Annahmen und Vorgaben in Frage gestellt werden können. Diese Erkenntnisse führen zu einer Anpassung des Vorgehens für den nächsten Schritt. Aufgrund dieses dauerhaften Lernens in kleinen Schritten entlang des erzielten Fortschritts sind iterative und inkrementelle Vorhaben schneller und qualitativ besser, als es vorher die vollständig durchgeplanten und dokumentierten Projekte waren. Dabei bleibt die Arbeit dynamisch, und Anforderungsänderungen werden auch spät im Prozess noch begrüßt. Agile Methoden akzeptieren, dass zu Beginn des Projekts nicht alle Anforderungen klar sind und dass die Designqualität eines Produktes während der fortschreitenden Arbeit immer besser wird. Agile Vorgehensweisen sind dabei niemals dogmatisch, sondern immer ergebnisorientiert und zielen auf die Erhöhung des Kundennutzens ab.

Den Nachteil von klassischen, nicht agilen Methoden habe ich in meinem ersten Job erlebt: Gleich an meinem ersten Arbeitstag wurde ich einem Projekt zugeteilt, in dem verschiedene Datenbanken mit unterschiedlichen Datenmodellen homogenisiert werden sollten. Du kannst dir das wie folgt vorstellen: Du hast zwei Excel-Tabellen mit jeweils unterschiedlichen Währungsangaben über Autopreise, wobei jede Tabelle die Ausstattungsmerkmale der Autos enthält. Das Ganze sieht dann so aus:

Tabelle 1:

| Auto | Ausstattung | Preis |
|---|---|---|
| Proton Eurus | 0004 Komfortsitze | 1000 US-Dollar |
| Proton Eurus | 1482 Schiebedach | 1399 US-Dollar |
| Proton Eurus | 4321 Alufelge 17 Zoll schwarz | 800 US-Dollar |
| Proton Eurus | 3321 Musikanlage | 900 US-Dollar |

Tabelle 2:

| Auto | Ausstattung | Preis |
|---|---|---|
| Proton Eurus | KomfSitz | 800 Euro |
| Proton Eurus | SchiebDa | 1100 Euro |
| Proton Eurus | Felge schwarz | 600 Euro |
| Proton Eurus | MusAn | 700 Euro |

Ziel war, am Ende nur noch eine Tabelle mit den richtigen Informationen vorliegen zu haben. Drei Monate lang beschrieben wir in einem Dokument, wie die Daten aus den verschiedenen Tabellen homogenisiert werden. Wir gaben unser Konzept einem Softwareentwickler, der mit der Programmierung der Lösung begann. Währenddessen arbeitete ich bereits am nächsten Projekt. Nach weiteren drei Monaten war die Programmierung abgeschlossen, und die Software wurde eingesetzt, um die Tabellen miteinander zu homogenisieren. Es funktionierte nicht. Leider stand ich auch nicht mehr für Rückfragen des Entwicklers zur Verfügung, da ich bereits in das nächste Projekt eingebunden war. Ohne die Geschichte hier weiterzuführen, merkst du bestimmt, dass dieses

Vorgehen nicht ideal war. Wir hatten keine besonders gute Kommunikation, und der Zeitraum zwischen der Erstellung des Konzepts und der Umsetzung als Software war extrem lang.

**Im Fokus aller agilen Konzepte steht der Mensch.**

Im Fokus aller agilen Konzepte steht der Mensch. Die folgenden Agilitäts-Prinzipien dienen dazu, die Voraussetzungen zu schaffen, dass Menschen in der direkten und dauerhaften Zusammenarbeit ihre gemeinsame Wertschöpfung optimieren können, indem sie möglichst häufig und direkt miteinander kommunizieren. Je kürzer der Zyklus ist, in dem wir ein Ergebnis produzieren, desto leichter ist es, daraus zu lernen und besser zu werden. In meinem ersten Job hätte eine agile Vorgehensweise bedeutet, dass der Softwareentwickler direkt neben mir gesessen hätte. Wir hätten gemeinsam die möglichen Lösungen diskutiert und er hätte innerhalb weniger Tage etwas programmieren können, das ich dann getestet hätte. Unsere Zusammenarbeit wäre erst dann beendet gewesen, wenn wir das Projekt erfolgreich abgeschlossen hätten.

Dass zwischen der Abgabe eines Konzepts und der Umsetzung mehrere Monate lagen, war für uns damals vollkommen normal. Die agilen Methoden sind ein radikal anderer Ansatz. Um solch fundamentale Veränderungen in der Denkweise des Arbeitens vorzunehmen, bedarf es eines vollständigen Wandels der Werte und Einstellungen aller Beteiligten. Das agile Manifest beschreibt vier hilfreiche Grundsätze für die Entwicklung von Software:

- Wir schätzen **Individuen und Interaktionen** mehr als Prozesse und Werkzeuge.
- Wir schätzen **funktionierende Software** mehr als umfassende Dokumentation.
- Wir schätzen **die Zusammenarbeit mit dem Kunden** mehr als Vertragsverhandlungen.
- Wir schätzen das **Reagieren auf Veränderungen** mehr als das Befolgen eines Plans.

Wichtig ist, dass das »mehr als« richtig interpretiert wird. Die rechte Seite ist wichtig und darf nicht vergessen werden. Ein einfaches Beispiel ist das Reagieren auf Veränderungen. Ich war vor einer Weile auf der A7 Richtung Hannover unterwegs und es gab einen klaren Plan, welche Route ich fahre, um mein Ziel zu erreichen. Dann kam die Meldung einer Vollsperrung direkt vor mir und ich hatte noch die Möglichkeit die nächste Abfahrt zu nehmen, um eine Umleitung zu fahren. Natürlich habe ich auf die veränderte Verkehrssituation reagiert und meinen Plan geändert.

**Das ideale agile Unternehmen findet seinen eigenen Weg, mit eigenen Werten und Vorgehensweisen.**

Das Manifest basiert weiterhin auf zwölf Prinzipien. Ich kann mich noch gut an den Moment erinnern, als ich diese zwölf Prinzipien zum ersten Mal in einem Büro an einer Wand hängen sah. Mein Kollege Andreas hatte sie gerade aufgehängt und sagte, sie seien wichtig für unser anstehendes Projekt. Leider ist es genau dabei geblieben: Die Prinzipien hingen an der Wand, wurden aber nicht angewendet. Als ich ein paar Monate später mal wieder an der Wand vorbeilief, sah ich mir die Prinzipien noch einmal an, und da verstand ich es: Es sind »nur« Prinzipien, und es bleibt unsere Verantwortung, diese auf unser Unternehmen, unsere Organisation, unser Team und letztendlich auf uns selbst zu übertragen. Das ideale agile Unternehmen findet seinen eigenen Weg, mit eigenen Werten und Vorgehensweisen. Keines der Prinzipien MUSS angewendet werden, und gleichzeitig können die Prinzipien durch eigene ergänzt werden.

Soweit die Theorie. In der Praxis habe ich wenige Menschen kennengelernt, die die zwölf Prinzipien kannten oder sich inhaltlich damit auseinandergesetzt haben, was diese für das Unternehmen bedeuten. Wenn Unternehmen agiler werden wollten, dann habe ich immer einen starken Fokus auf Methoden statt auf Prinzipien erlebt, und genauso oft habe ich gesehen, wie agile Transformationen scheitern. Viel zu viele Unternehmen machen den Fehler, eine agile Transformation zu starten und dabei die Verwendung beispielsweise von Scrum vorzuschreiben.

Dadurch haben die meisten Mitarbeiter sofort das Gefühl, dass ihre bisherige Art zu arbeiten falsch war, und Gewohnheiten müssen ohne tieferes Verständnis dafür verändert werden, was es bedeutet, nach Scrum zu arbeiten.

Scrum wurde 2001 von Ken Schwaber und Jeff Sutherland im *Scrum Guide*, einem 19-seitigen Dokument, beschrieben. Dieses enthält die grundlegenden Spielregeln für Scrum. Wenn du dieses Dokument gelesen hast, weißt du alles, was dafür notwendig ist, Scrum anzuwenden. Die Methode selbst ist sehr leichtgewichtig und einfach zu verstehen. Es gibt klare Regeln, die immer eingehalten werden müssen. Scrum wirklich zu meistern und erfolgreich einzusetzen, wird viele Iterationen dauern und ist nicht ganz einfach.

Ich habe viele Unternehmen erlebt, die »agiler« werden wollen und mit der Verwendung von Scrum starten. Dass die Regeln einfach zu verstehen und umzusetzen sind, ist hier allerdings eine »Falle«, da die wirkliche Agilität in den dahinterliegenden Prinzipien liegt, die kaum jemand wirklich kennt. Ich habe häufig erlebt, dass die Regeln von Scrum »perfekt« eingehalten wurden und das Team trotzdem keine Ergebnisse produzierte. Dieses Vorgehen bezeichne ich im Folgenden als »mechanisches Scrum«.

Wenn das Team die Prinzipien und Philosophien der Agilität allerdings wirklich versteht, lohnt sich der Aufwand, eine Methode wie Scrum einzuführen. Das Team wird dadurch in die Lage versetzt, komplexe adaptive Aufgabenstellungen anzugehen und produktiv und kreativ Produkte mit dem höchstmöglichen Wert zu liefern.

Wenn du allerdings alle Meetings, die Scrum vorgibt, aus reinem Selbstzweck einhältst, deine Informationen aber nicht mit deinem Team teilst, arbeitest du nicht agil, obwohl du Scrum anwendest. Es gibt natürlich auch die Möglichkeit, nur einzelne Elemente des Scrum-Frameworks zu nutzen und an deine Situation anzupassen. Diese Art des Arbeitens ist die schwierigste, da du deine Regeln selbst aufstellen musst. Agiles Arbeiten bedeutet definitiv nicht, dass du Scrum verwenden musst, und Scrum zu nutzen heißt nicht, dass du agil arbeitest.

Meine Erfahrung zeigt, dass es einen anderen Ansatz für die Einführung einer Agilitäts-Philosophie braucht, um erfolgreich zu sein. Es ist notwendig, das Agilitäts-Manifest zu adaptieren und einen Weg zu finden, der zu dem Warum und der Vision des Unternehmens passt. Nachdem eine Strategie abgeleitet wurde, die die Vision in greifbare Ziele herunterbricht, können agile Methoden zum Erreichen eben dieses Zieles dienen.

## Mit dem Warum starten

Warum möchtest du in deinem Unternehmen eine agile Organisation einführen? Wann habt ihr dieses Ziel erreicht? Bevor ein Unternehmen anfängt, agile Entwicklungsmethoden einzuführen, sollten diese beiden Fragen beantwortet sein.

Es gibt natürlich gute Gründe, agiler zu werden, und ich möchte vier davon herausstellen. Der erste Grund ist das Schaffen eines Arbeitsumfeldes, in dem Menschen gerne arbeiten. Wenn die Menschen den Freiraum bekommen, ihr Potenzial auszuschöpfen, wenn sie Verantwortung übernehmen und mitdenken dürfen, entsteht eine Kultur, die Spaß macht und hochproduktiv ist. Dadurch wächst eine emotionale Bindung zwischen dem Menschen und dem Unternehmen.

Der zweite Grund ist die Verbesserung der Dienstleistung oder des Produkts. Wenn das Unternehmen seine Produkte schon in einer sehr guten Zeit, mit hoher Qualität, zu einem niedrigen Preis produziert und mit einer hohen Marge verkauft, dann sollte der Fokus auf der kontinuierlichen Verbesserung liegen. Wahrscheinlich ist das Unternehmen dann sogar schon in einer agilen Organisationsform. Falls es aber immer wieder Herausforderungen innerhalb des Unternehmens gibt und

Produkte nicht in einer guten Qualität zu einem guten Preis in einer guten Geschwindigkeit produziert und ausgeliefert werden, dann kann der Aufbau einer agilen Organisation helfen. Du fragst dich vielleicht, warum das so ist. Es gibt genau einen Faktor, der für schlechte Qualität und langsame Geschwindigkeit verantwortlich ist: der Mensch. In der agilen Organisation liegt der Fokus auf dem Menschen und dem, was notwendig ist, damit er sein Potenzial ausschöpfen kann.

Der dritte Grund ist die Minimierung des Risikos und der Kosten für die Einführung neuer Produkte. Wenn flexibel und angemessen auf die Wünsche und Anforderungen der Kunden reagiert werden soll, muss sich der Zyklus für den Release der Produkte verändern.

Zu dem Zeitpunkt, an dem ich diese Zeilen schreibe, habe ich mich dafür entschieden, ein neues Auto zu kaufen. Da mein Herz schon immer für die Freude am Fahren schlägt, ist es ein Kombi von BMW geworden. Ich sitze mit meinem Verkäufer in seinem kleinen Büro und wir reden über die verfügbaren Modelle. Die Lieferzeit eines Neuwagens beträgt zum aktuellen Zeitpunkt zwei Monate.

**Tesla baut keine Autos, sondern Computer, die wie Autos aussehen und fahren können.**

Es steht auch ein Kombi auf dem Hof, den ich sofort mitnehmen könnte. Er ist allerdings schon fertig konfiguriert. Praktisch ist der Wagen genau so, wie ich ihn mir auch bestellt hätte, bis auf den fehlenden Abstandsassistenten. Einen neuen Wagen zu produzieren, der genau auf meine Bedürfnisse passt, würde nun zwei Monate Wartezeit bedeuten. Warum kann BMW den Abstandshalteassistenten nicht einfach nachträglich in den Wagen einbauen? Es liegt an der grundsätzlichen Art, wie dort die Autos gebaut werden. Eine andere Philosophie verfolgt der Automobilhersteller Tesla. Dort gab es bei der Auslieferung des Model X am Anfang das Problem, dass es in den Wagen regnete, wenn die Flügeltüren geöffnet waren. Tesla hat per WLAN ein neues Update auf jedes Model X eingespielt, wodurch sich der Öffnungswinkel der Türen veränderte – das Problem war behoben. Es dauerte nur einen Tag, weil Tesla keine Autos baut, sondern Computer, die wie Autos aussehen und fahren können.

Ich erlebe bei vielen meiner Kunden, dass es Monate dauert, Software zu entwickeln und die fertigen Softwarepakete dann an festen Zeitpunkten live zu schalten. Produktiv zu sein bedeutet, dass sie das interne Testsystem verlassen und dem Kunden zur Verfügung stellen. Jede Veränderung an den produktiven Systemen ist in diesem Fall immer mit einem hohen Risiko verbunden. Ein potenzieller Ausfall bedeutet den Verlust von Reputation und Geld. Stell dir vor, dass google.com oder bahn.de nicht mehr funktionieren. Dieser Fall ist für die Unternehmen nicht tragbar. Wenn wir hingegen diese großen Softwarelieferungen kleiner gestalten und im Idealfall jeden Tag etwas verändern (so wie Tesla es tut), verringern wir das Risiko. Doch warum ist das so? Um im Sekundentakt Veränderungen an produktiven IT-Systemen durchführen zu können, müssen möglichst viele Prozesse automatisiert werden, und die Digitalisierung bekommt die höchste Priorität. Automatisierung bedeutet, dass sich die beteiligten Menschen als Team überlegen müssen, wie sie ihre Prozesse gestalten und umsetzen. Der Knackpunkt ist dabei das Thema Testen. Wenn ich automatisieren möchte, muss ich alle relevanten Tests automatisieren, wodurch die Qualität signifikant steigt. Stell dir vor, dass du bei jeder Änderung an einer App alle Funktionalitäten per Hand testen müsstest. Spätestens beim dritten Mal verlierst du die Lust, und die Qualität deiner Tests sinkt. Ein automatisierter Test hingegen liefert stets Ergebnisse von gleichbleibender Qualität.

Der vierte Grund ist die optimale Ressourcennutzung. Häufig müssen Projektleiter um Personal und Budgettöpfe konkurrieren. Mitarbeiter sind von der Menge der Arbeit überlastet, und es gibt nicht genug Zeit und Raum, um eine hohe Qualität herzustellen und aus Fehlern zu lernen. In einer agilen Organisation arbeiten alle an einer Vision und denken partnerschaftlich. Konflikte werden ausgetragen und aufgelöst.

Es gibt noch einen weiteren Grund, der wichtiger ist als diese vier: Jedes erfolgreiche Unternehmen startet mit einer Idee und einer Leidenschaft.

**Jedes erfolgreiche Unternehmen startet mit einer Idee und einer Leidenschaft.**

Es beginnt damit, dass eine kleine Gruppe von Menschen wieder anfängt zu träumen und diese Träume in die Realität umsetzt. Mit dem Erfolg kommen dann neue Herausforderungen, da das Unternehmen wächst und immer mehr Menschen an der Umsetzung dieser Träume beteiligt sind. Um in den nächsten Jahren erfolgreich am Markt bestehen zu können, muss ein Unternehmen in der Lage sein, innovativ zu sein und auf die Anforderungen der Kunden zu reagieren. Agilität und intelligentes Unternehmertum sichern das wirtschaftliche Wachstum und dadurch die Arbeitsplätze der Mitarbeiter.

Doch warum ist es für ein klassisches DAX-30-Unternehmen eine so große Herausforderung, agil zu sein, und warum fällt es einem Startup aus dem Silicon Valley oder Berlin wesentlich leichter? Die Antwort liegt im Aufbau der Unternehmen, denn eine agile Struktur unterscheidet sich grundsätzlich von der Struktur eines klassischen Unternehmens. Dafür müssen wir verstehen, wie Unternehmen aufgebaut sind und wie sie sich historisch entwickelt haben. Große Unternehmen sind typischerweise hierarchisch strukturiert. Das bedeutet, dass es (je nach Unternehmensform) einen Vorstand oder eine Geschäftsführung gibt, die verschiedene Bereiche unter sich haben, für die wiederum ein Bereichsleiter zuständig ist. Darunter können eine oder mehrere Abteilungen sein, die wiederum aus einem oder mehreren Teams bestehen. Es gibt Organisationen mit 600 Leuten, die in drei hierarchische Ebenen aufgeteilt sind, und Organisationen mit 600 Leuten, die in sieben Ebenen aufgeteilt sind.

Jede zusätzliche Ebene birgt die Gefahr neuer Probleme: Abstimmungen und der Kommunikationsfluss können erschwert werden, sodass der Entscheidungsprozess verlängert wird, und es kann zu politischen Machtspielen kommen. Dennoch können auch große Unternehmen mit vielen Hierarchien absolut agil sein. In der Praxis ist dies jedoch eher selten der Fall.

Die Historie einer Unternehmensstruktur lässt sich gut entlang der Entwicklung verschiedener Marketingorientierungen der vergangenen Jahrzehnte beschreiben. Im Marketing 1.0 war die Ausrichtung produktorientiert. Durch die Industrialisierung ergaben sich neue Möglichkeiten der Produktion und der Kunde sollte kaufen, was gebaut wurde. Das Angebot und die Konkurrenz waren überschaubar. Beim Marketing 2.0 stand die Kundenorientierung im Fokus. Die IT hielt Einzug in den Unternehmen und veränderte den Fokus auf die Beziehung zum Kunden. Marketing 3.0 brachte durch die neuen Medien (wie Facebook, Instagram, YouTube usw.) eine werteorientierte Strategie mit sich. Das Warum erhielt eine stärkere Relevanz in den Unternehmen, und die Zusammenarbeit mit dem Kunden rückte mehr in den Fokus.

Heute im Jahr 2019 sprechen wir von Marketing 4.0 und einem Ansatz der dialogorientierten Zusammenarbeit. Das Teilen von Wissen und Ideen ist wichtiger geworden, und der Kunde möchte stärker involviert sein. Er bestimmt das Produkt, das hergestellt wird. Sobald du eine Produktbewertung absendest, gibst du dem Hersteller einen Impuls zur Veränderung seines Produkts.

Durch die zunehmende Kundenorientierung, die Transparenz von Informationen und die Möglichkeit, kontinuierlich im Austausch mit seiner Zielgruppe zu stehen, wird die Agilität in Unternehmen immer wichtiger. Es wächst der Bedarf nach Methoden, die diese Werte und Prinzipien unterstützen. Nun wissen wir aus der Historie, dass die Veränderung einer Unternehmenskultur und die Veränderung der Geisteshaltung des Menschen eine hohe zeitliche und monetäre Investition bedeutet. Mitarbeiter, die über viele Jahre in der gleichen oder ähnlichen Position waren und seit 25 Jahren für ein Unternehmen arbeiten, können nicht über Nacht ihre Arbeits- und Denkweise verändern und somit plötzlich agil werden. Dieser Prozess ist sehr zeit- und arbeitsintensiv. Hier haben Startups einen klaren Vorteil.

**Durch die zunehmende Kundenorientierung, die Transparenz von Informationen und die Möglichkeit, kontinuierlich im Austausch mit seiner Zielgruppe zu stehen, wird die Agilität in Unternehmen immer wichtiger.**

Ein typisches agiles Startup hat meistens eine andere Struktur und ist nicht historisch geprägt und gewachsen. Bei ihm liegt der klare Fokus auf einer Kundengruppe, einem Produkt und einem Markt. In Startups arbeiten überwiegend Menschen, die mit Unsicherheit und Veränderung gut umgehen können. Die Strukturen ähneln mehr einem Planetensystem und verändern sich fortlaufend und bedarfsorientiert. Nach einem gewissen Wachstum kommen Startups zwar auch an den Punkt, an dem die Einführung von Strukturen und Hierarchien notwendig wird, aber hier sind in den letzten Jahren viele spannende Unternehmensmodelle entstanden, die auf die Menschen solcher Unternehmen zugeschnitten sind und eine möglichst hohe Effizienz zulassen.

Ein Unternehmen, das nach dem Jahr 2000 gegründet wurde, hat mit großer Wahrscheinlichkeit von Beginn an agile Methoden genutzt und diese für sich kontinuierlich weiterentwickelt und verbessert. Zudem ist für diese Unternehmen die IT häufig bereits ein Hauptbestandteil des Unternehmens und der Wertschöpfung.

Ich möchte dir die Herausforderung eines typischen deutschen Unternehmens am Beispiel der IT klarmachen:

Klassische IT-Organisationen stehen vor der Herausforderung, dass sie sich verändern müssen, ohne dabei das Tagesgeschäft zu gefährden. Beispielsweise sind viele Konzerne im Jahr 2019 damit beschäftigt, ihre Rechenzentren in die Cloud zu verlagern. Das bedeutet, dass sie keine eigenen Gebäude voller Server mehr besitzen, sondern die Rechenleistung bequem aus dem Internet beziehen. Die Umstellung auf die Cloud ist die Voraussetzung dafür, um neue Technologien nutzen und Innovationen entwickeln zu können. Die IT ist allerdings häufig nicht so strukturiert, dass solche Veränderungen einfach so umgesetzt werden können. Um diesen Punkt zu illustrieren, wollen wir die IT und die Struktur einer klassischen Organisation genauer unter die Lupe nehmen.

Es gibt verschiedene Geschäftsführungs- oder Vorstandsbereiche, die wiederum in Bereiche, Abteilungen und Teams untergliedert sind. Meistens sprechen wir auf oberster Ebene von CEO, CFO, CIO und COO. Übersetzt bedeuten diese Begriffe Vorsitzender der Geschäftsführung (Chief Executive Officer), Leiter der Finanzabteilung (Chief Financial Officer), Leiter der IT (Chief Information Officer) sowie Leiter des operativen Geschäfts (Chief Operating Officer).

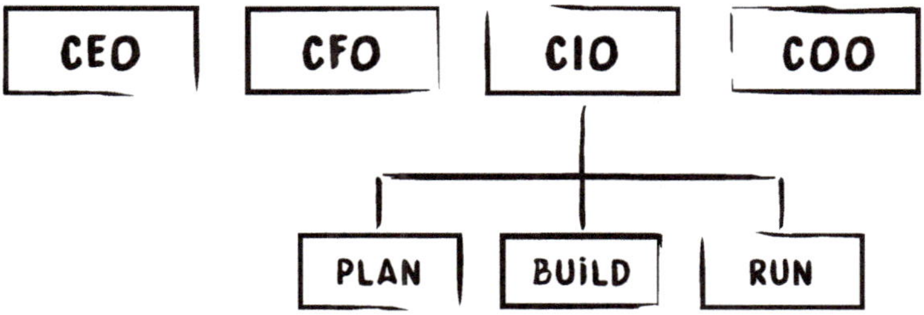


Wenn wir die IT genauer betrachten, finden wir häufig eine Strukturierung nach Plan, Build und Run. Das bedeutet, dass der erste Bereich, »Plan«, sich um die priorisierte Einplanung von IT-Anforderungen im Release (Veröffentlichung) kümmert. Ein Release enthält dabei alle Änderungen an den IT-Systemen, die zu einem bestimmten Zeitpunkt eingeführt werden. Häufig handelt es sich um vier bis sechs Releases pro Jahr. Der Bereich »Build« ist das aktiv ausführende Organ, das die Software produziert und Projekte leitet. Hier wird der Teil abgedeckt, der Projektleitung, Anforderungsmanagement, Entwicklung und Test der Wertschöpfungskette umfasst. Danach wird die fertige Software an die IT Operations, die klassische Betriebsabteilung, und damit an den »Run«-Bereich übergeben.

Kurz zusammengefasst bedeutet dies, dass eine Gruppe von Menschen dafür verantwortlich ist, zu planen, wann welche Software entwickelt wird. Ein zweiter Bereich ist für die Produktion der Software verantwortlich und ein dritter Bereich für den IT-Betrieb. Sprich: Wann immer ein Kunde einen IT-Service nicht benutzen kann, klingelt im dritten Bereich das Telefon mit der Bitte um Beseitigung der Störung.

Diese Strukturierung hat drei große Nachteile: Verantwortung, Geschwindigkeit und Qualität. Der »Build«-Bereich entwickelt zwar die Software, hat aber keine Verantwortung für ihren Betrieb. In der Realität habe ich häufig erlebt, dass Probleme einfach so hingenommen werden, mit der Begründung, dass so etwas im »Run«-Bereich behoben wird. Dieser verfügt allerdings oftmals nicht über das notwendige Know-how. Durch mangelnde Kommunikation und lange Zyklen entstehen häufig unnötige menschliche Konflikte, die für lange Laufzeiten und mangelnde Qualität sorgen.

Wenn ein Unternehmen sich die Frage stellt, warum es agiler werden will, dann sind aus meiner Sicht die Stärkung der Kommunikation, die Auflösung von zwischenmenschlichen Konflikten und die Verbesserung von Geschwindigkeit und Qualität der Produkte ein guter Startpunkt.

Mit der Entscheidung in Richtung agile Softwareentwicklung können diese drei Herausforderungen aufgelöst werden. Die Kommunikation lässt sich am leichtesten dadurch verbessern, dass die Menschen miteinander reden. Ein Grundprinzip von agilen Methoden sind cross-funktionale Teams, sprich: kleine Einheiten aus acht bis zehn Menschen, die eigenständig an einem Produkt (beispielsweise einer App) arbeiten und diese auch betreiben. Das Team übernimmt ebenfalls die Planung der zukünftigen Erweiterungen. Anstatt drei getrennte Bereiche zu haben, die jeweils eine Aufgabe übernehmen, decken cross-funktionale Teams die gesamte Wertschöpfungskette ab.

Das Wort »Wertschöpfungskette« definiert der Duden als Gesamtheit der Prozesse (Produktion, Auslieferung usw.), die zu einer Wertschöpfung führen. Das bedeutet, dass sie jeden einzelnen Schritt abbildet, den ein Produkt durchläuft, bis es schlussendlich verkauft wird.

Der Wert wird durch den Kunden und/oder den entsprechenden Markt bestimmt. Nur wenn der Kunde bereit ist, für das Produkt Geld zu zahlen, hat es einen Wert. Wichtig ist ebenfalls der Aspekt der Problemlösung. Ich ging am Ostermontag 2017 kurz in den Waschkeller, um eine Ladung Wäsche zu waschen. Auf dem Weg zurück in meine Wohnung traf es mich wie ein Blitz: Ich stand in Jogginghose, T-Shirt und Pantoffeln vor meiner Wohnungstür. Wohnungsschlüssel und Handy lagen in meiner Wohnung. Du kannst dir vorstellen, wie hoch der Wert der Arbeit des Schlüsseldienstes für mich war.

Dieser öffnete meine Tür trotz eines komplexen Schließmechanismus innerhalb von zehn Minuten. Er wollte dafür 150 € von mir, und mein erster Gedanke war: Das ist aber ganz schön viel Geld für so eine kurze Arbeitszeit. Doch warum ging die Öffnung so schnell? Wahrscheinlich hatte der Schlüsseldienst hochwertiges Werkzeug und schon viele hundert Türen geöffnet. Wahrscheinlich besuchten seine Mitarbeiter regelmäßig teure Schulungen. Vielleicht hätte ein anderer Schlüsseldienst 45 Minuten für die Öffnung der Tür benötigt und diese dabei noch beschädigt. Bei diesem Beispiel ist wichtig zu verstehen, dass der Preis natürlich maßgeblich durch meine Notsituation zu Stande kam. Der Kunde wird immer individuell über den Wert eines bestimmten Produkts oder einer Dienstleistung entscheiden.

**Wir müssen die Frage beantworten, welchen Wert wir erschaffen wollen.**

Bezogen auf unsere Wertschöpfungskette müssen wir die Frage beantworten, welchen Wert wir erschaffen wollen. Wenn ein Unternehmen schneller und effizienter werden muss und dabei gleichzeitig die Qualität der Produkte steigern will, führt kein Weg an agilen Methoden vorbei. Hierbei liegt der Fokus häufig auf Entwicklerteams, die Scrum oder Kanban nutzen, um schneller Software entwickeln zu können. Damit das Unternehmen seinen Kunden Produkte anbieten kann, für die dieser auch Geld bezahlt, müssen wir agil auf die Anforderungen der Kunden reagieren können.

Warum nutzen wir das Wissen aus diesen Methoden und Philosophien nicht auch in anderen Geschäftsbereichen und schaffen eine durchgängige Wertschöpfungskette, die effizient und produktiv arbeiten kann? Wichtig ist, dass der Fokus der Wertschöpfung immer auf dem Kunden liegen muss. Der Kunde ist derjenige, der unseren Service oder unser Produkt nutzt und bereit ist, dafür Geld auszugeben. Dabei gibt es eine Differenzierung zwischen internen und externen Kunden. Die IT betrachtet beispielsweise den Geschäftsbereich, für den ein Stück Software produziert werden soll, als Kunden. Das ist aus meiner Sicht eine komplett veraltete Denkweise.

Das Business betrachtet immer den fachlichen Aspekt. Wenn beispielsweise Bücher über einen Webshop verkauft werden sollen, dann definiert das Business die Art der Bücher, die angeboten werden, die Marketingstrategie, den Namen des Webshops, die Art und Weise, wie der Kunde durch die Website geführt wird, die Kennzahlen, die für ein Reporting erhoben werden, was der Warenkorb alles können soll und vieles mehr. Diese Anforderungen und Prozesse werden immer aus »Nicht-IT-Sicht« betrachtet, d. h., die Möglichkeit zur technischen Umsetzung ist hier noch enthalten.

Das Business sollte allerdings nicht der Kunde der IT sein. In einem agil handelnden Unternehmen, in dem Teams Höchstleistung erreichen sollen, betrachten wir die gesamte Wertschöpfung. Diese beginnt bei der Idee und endet, wenn der Kunde sein Produkt erhalten hat. Damit das bestmöglich funktioniert, arbeiten alle Abteilungen und Menschen Hand in Hand. Durch die Möglichkeiten der Digitalisierung ist das Ende der Wertschöpfungskette allerdings häufig nicht mehr eindeutig zu beschreiben, bzw. es gibt kein Ende. Ich schreibe diesen Text gerade auf einem Computer, der regelmäßig Updates erhält. Dadurch profitiere ich regelmäßig von Verbesserungen und neuen Funktionalitäten.

Wahrscheinlich hast du auf den letzten Seiten schon herausgelesen, dass diese klassische Strukturierung dazu führt, dass dem Unternehmen Leistung verloren geht. Anstatt sich auf das Ergebnis zu konzentrieren, denken die Menschen allein in ihrer Zuständigkeit und bleiben in ihren geregelten Arbeitsbereichen gefangen.

Eine eindrückliche Geschichte, wozu agile Organisationen in der Lage sind, liefert John Doerr. Denn eines ist immer von elementarer Bedeutung: das Zielbild der Organisation und der Ergebnisse, die das Unternehmen liefern will. Aus diesem Zielbild lässt sich dann ableiten, was gemessen wird, um den Fortschritt des Unternehmens transparent zu machen.

**»Ihr da oben versteht nicht, was am Markt passiert.«**

John Doerr erzählt in seinem Buch *Objectives & Key Results* eine Geschichte aus seiner Zeit bei Intel. Dort sagte ein Außendiensttechniker zu seinem Vorgesetzten: »Ihr da oben versteht nicht, was am Markt passiert.« Dies wurde zum Anlass genommen, das Unternehmen komplett neu zu denken und so innerhalb von zwei Wochen von Grund auf neu auszurichten.

In dieser Aussage des Mitarbeiters und der daraus resultierenden Aktion steckt alles, was Agilität bewirken kann. Ein Unternehmen innerhalb von zwei Wochen in allen Bereichen komplett neu auszurichten, ist eine beeindruckende Leistung. Der Mut zu einer klaren Entscheidung, die schnelle und effektive Kommunikation innerhalb des Unternehmens und die direkte Umsetzung verschafften Intel 1980 einen Wettbewerbsvorteil, der das Überleben des Unternehmens sicherte. Ohne diesen Mut würde es das Unternehmen heute vermutlich nicht mehr geben.

Die Denkweise der Führungskräfte und Mitarbeiter von Intel machten hier den Unterschied. Sie waren bereit, alle aktuellen Tätigkeiten zu beenden und die Richtung zu verändern. Damit so etwas überhaupt möglich ist, braucht es eine Vision und die Beantwortung der Frage nach dem Grund der Existenz, dem Warum.

Und genau hier liegt ein Knackpunkt. Unternehmen funktionieren häufig anders. Die Unternehmensstrategie ist oft darauf ausgelegt, die Nummer 1 in einem Markt zu werden oder ein bestimmtes Wachstum zu erreichen. Der Fokus liegt auf Geld und Kennzahlen statt auf dem echten Warum.

**Die Grundmotivation der Gründer war immer eine andere und der Erfolg ein Resultat der Leidenschaft.**

Kein Unternehmen, das heute agil und extrem erfolgreich ist, wollte von vornherein agil und extrem erfolgreich werden. Die Grundmotivation der Gründer war immer eine andere und der Erfolg ein Resultat der Leidenschaft.

Larry Page, der Gründer von Google, war immer von dem Gedanken geleitet, Wissen frei zugänglich zu machen. Bei Spotify geht es um den Genuss von Musik. Bei einem Lippenstift geht es in Wirklichkeit um die Schönheit der Frau.

Der Wirtschaftsberater und Bestsellerautor Simon Sinek hat die Kraft des Warum in seinem TED Talk eindrücklich beschrieben: »If Apple was like everyone else a marketing message might be: We make great computers. They're user friendly. Want to buy one? … Here's how Apple actually communicates: everything we do, we believe in challenging the status quo, we believe in thinking differently. The way we challenge the status quo is by making our products beautifully designed, simple to use, and user friendly. We just happen to make great computers. Want to buy one?« (»Wenn Apple wie alle anderen wäre, könnte die Marketingbotschaft folgendermaßen lauten: Wir machen großartige Computer. Sie sind benutzerfreundlich. Möchten Sie einen kaufen? Tatsächlich kommuniziert Apple aber immer folgendermaßen: Bei allem, was wir tun, glauben wir daran, den Status quo in Frage zu stellen, wir glauben daran, einfach mal anders zu denken. Den Status quo fordern wir heraus, indem wir unsere Produkte wunderschön gestalten und sie einfach bedienbar und sehr benutzerfreundlich machen. Wir stellen einfach großartige Computer her. Möchten Sie einen kaufen?«)

In agilen Unternehmen ist die Frage nach dem Warum immer klar. Wenn ein Mitarbeiter nach dem Warum gefragt wird, kann er mit Stolz erklären, warum sein Unternehmen macht, was es macht.

Dies möchte ich mit einer Anekdote aus dem echten Leben abschließen: Ich war für ein Coaching bei einem Kunden, und auf der Rückseite eines Unternehmensausweises war die Vision des Unternehmens abgedruckt. Sie begann mit den Worten: »Um unseren Aktionären zu dienen …« Ich lasse das hier unkommentiert, möchte nur eine Frage stellen: Wer gibt am Ende für die Dienstleistungen oder Produkte des Unternehmens sein Geld aus? Der Kunde oder der Aktionär?

## Mein Aha-Erlebnis

Um dir mein ganz persönliches Warum zu erklären, möchte ich eine Geschichte aus meinem Leben erzählen: Nach fast zehn Jahren in verschiedenen Konzernen hatte ich herausgefunden, dass es mir besonders viel Spaß macht, Unternehmen aufzubauen. Mich macht es glücklich, wenn ich durch den Flur laufe und Menschen lachen höre, wenn ich spüre, dass eine leichte Spannung in der Luft liegt, und wenn es sich mehr nach guten Freunden anfühlt als nach Arbeitskollegen.

Die Entscheidung, meinen »sicheren« Job in einem Großkonzern zu kündigen und in die Unternehmensberatung zu wechseln, fühlte sich richtig an. Nachdem ich ein hoch performantes Team aufbauen durfte, das mit viel Leidenschaft und Menschlichkeit arbeitete, war für mich eine Sache klar: Ich musste dieser Inspiration folgen. Ich bin der festen Überzeugung, dass mehr Menschen mit Freude ins Büro gehen würden, wenn die Arbeitsumgebungen und Kulturen sich ändern und agiler werden würden.

**Ich bin der festen Überzeugung, dass mehr Menschen mit Freude ins Büro gehen würden, wenn die Arbeitsumgebungen und Kulturen sich ändern und agiler werden würden.**

Durch einen Bekannten fand ich schnell Kontakt zu einer kleinen IT-Beratung, und nach wenigen Gesprächen war klar, dass wir die gleiche Vision haben und ich dort meiner Leidenschaft würde nachgehen können. Doch wie so oft kommt es am Ende anders, als man denkt, und so begann eine spannende Zeit mit vielen unerwarteten Ereignissen.

Der erste Tag meines neuen Jobs begann und ich ging voller Energie ins Büro. Ein neuer Arbeitgeber und der Freiraum, meine Vision gestalten und umsetzen zu können. Ich wollte mein Wissen aus den vergangenen Jahren und vor allem aus dem vergangenen Projekt so aufbereiten, dass andere daraus würden lernen und es würden umsetzen können.

Solange ich nicht als IT-Berater in ein Projekt vertieft war, konnte ich jeden Tag selbstbestimmt arbeiten. Die nächsten sechs Wochen waren für mich von absoluter Freiheit geprägt – und einer bitteren Erkenntnis: Nur weil ein Unternehmen klein (unter 20 Mitarbeiter) und inhabergeführt ist, ist es nicht zwangsläufig agil. Der Mythos Startup relativierte sich, und ich erkannte, wie wichtig der Mensch in diesem Konstrukt ist.

**Nur weil ein Unternehmen klein (unter 20 Mitarbeiter) und inhabergeführt ist, ist es nicht zwangsläufig agil.**

Ich schrieb eine Produktstrategie, die die Umsetzung eines neuen Geschäftsmodells ermöglichte. Produkte waren beispielsweise ein Buch, Onlinekurse und mein erstes eigenes Seminar. Diese Strategie war mit meinen Geschäftsführern abgestimmt und wir waren uns einig, dass wir gemeinsam mit der Umsetzung starten würden.

Die Tage verflogen und ich arbeitete an unserem neuen Geschäftsmodell. Allerdings merkte ich, dass sich die Entscheidungen zunehmend verlangsamten. Die Gründe dafür waren vielfältig, das größte Hindernis war die Kommunikation. Auf einmal war es, als sprächen wir in unserem Team nicht mehr die gleiche Sprache, und es entstand etwas, das ich als Bestandsschutz bezeichne.

Am Beispiel Schulungen bedeutet das Folgendes: Es gibt heute standardisierte Seminare, deren Abschluss eine Zertifizierung beinhaltet. Diese Seminare sind so ausgelegt, dass in der Regel nach einer Prüfung alle Teilnehmer das Zertifikat erhalten. Andererseits erfordert dies das Abarbeiten der vorgegebenen zu behandelnden Themenfelder, und auch die Prüfungsfragen lassen keine flexible Auslegung der Antworten zu: In der Prüfung gibt es genau eine Antwort, die richtig ist. Agile Prinzipien und Methoden funktionieren nicht wie das kleine Einmaleins. Es gibt kein Richtig oder Falsch, die richtige Lösung ist immer kontextabhängig.

Ich wollte Videokurse entwickeln, die die Leitlinien von agilen Methoden und Philosophien erklären und praktische Anwendungstipps geben. Ein solches Produkt birgt immer die Gefahr, dass Kunden negatives Feedback geben. Aus Angst vor diesem Risiko und aus Angst, den sicheren Hafen des klassischen Schulungsgeschäfts inklusive Zertifikaten zu verlassen, wurden die digitalen Schulungen gestoppt.

**Innovation gibt es niemals umsonst.**

Doch Innovation gibt es niemals umsonst. Wir müssen Geld, Energie und Zeit aufwenden, um herauszufinden, ob unsere Ideen funktionieren. Eine (agile) Lösung wäre in dieser Situation gewesen, den digitalen Kurs beispielsweise mit zunächst zehn Kunden zu testen und nach und nach zu verbessern.

Da ich aber ein festes Gehalt erhielt und keine Ergebnisse produzierte, die direkt Geld einbrachten, ging ich wieder Vollzeit in ein Kundenprojekt, um parallel das neue Geschäftsmodell aufzubauen und rentabel zu machen. Als die erste Projektanfrage kam und ich die Stellenbeschreibung gelesen hatte, spürte ich direkt: Das bin ich eigentlich nicht. Der Mensch, der dort gesucht wurde, und die benötigten Fähigkeiten passten nicht richtig zu mir. Aber da ich ein motivierter Mensch bin, dachte ich, ein Vorstellungsgespräch könne nicht schaden. Seitens meiner Geschäftsführer spürte ich den Druck, dass wir das Geld ebenfalls gut gebrauchen könnten.

Ohne lange zu zögern, wurde ich dem Kunden angeboten und hatte ein paar Tage später ein Telefoninterview, danach ein Vorstellungsgespräch und dann schon die Zusage für dieses Projekt. Mein Bauch hatte mir von Anfang an gesagt, dass da etwas nicht stimmt, aber ich ignorierte dieses Gefühl. Gerade am Anfang eines Jobs trauen wir uns oft noch nicht, zu sagen, was wir wirklich denken. Ich denke, dass es die Angst ist, etwas falsch zu machen und in Ungnade zu fallen. Ich hätte es besser wissen und sagen müssen, dass ich dieses Projekt nicht annehmen will.

Ich begann in diesem Projekt zu arbeiten, doch bereits am zweiten Tag rief ich meinen Geschäftsführer an und sagte: »Ich bin hier falsch, ich muss hier weg.«

In jener Zeit habe ich gelernt, dass es drei Dimensionen gibt, die bei einem Job passen sollten. Erstens muss sich in dem Umfeld deine Persönlichkeit entfalten können. Wenn du gerne mit Menschen sprichst, Themen diskutierst und Kommunikation dir Energie gibt, dann ist ein Umfeld, in dem du den ganzen Tag an deinem PC Dokumente liest und mit niemandem reden darfst, einfach nicht gut für dich.

Zweitens sollten deine Aufgaben deinen Stärken entsprechen. Stell dir vor, du bist einfach nicht gut in Mathe und es macht dir auch keinen Spaß, aber du musst den ganzen Tag Berechnungen in Excel-Tabellen durchführen. Deine Ergebnisse werden nicht gut sein, du wirst langsam und zwangsläufig frustriert sein.

Drittens: Du musst deine Aufgabe gerne machen. Wenn du beispielsweise ein überzeugter Veganer bist, dem der Tierschutz am Herzen liegt, dann wirst du niemals für eine Firma arbeiten wollen, die Fleisch produziert. Egal, wie gut der Job ist.

In jenem Projekt damals passte für mich keine dieser Dimensionen, ich spürte es und wusste: Ich muss hier raus. Nachdem ich meinem Geschäftsführer genau das sagte, kam von ihm etwas, das ich so nicht erwartet hatte: »Da musst du jetzt mal durch. Schau es dir doch erstmal an. Auch an solchen Aufgaben kannst du etwas lernen. Später wirst du wissen, wofür es gut war. Es gibt Dinge, die musst du einfach durchziehen.« Also blieb ich erstmal in diesem Projekt. Immerhin hatte ich mein neues digitales Geschäftsmodell, an dem ich arbeiten konnte. Aber auch hier veränderten sich die Dinge. Ich war von den Entscheidungen meiner Geschäftsführer abhängig, und obwohl wir vereinbart hatten, dort etwas aufzubauen, passierte nichts. Entscheidungen wurden immer wieder weggeschoben, und ohne finanzielle Mittel konnte ich nicht agieren.

Zwei Monate später belastete es mich extrem, jeden Tag zu diesem Kunden fahren zu müssen. Mein Gefühl, dass ich dort falsch war, bestätigte sich immer wieder, und mittlerweile hatte ich körperliche Reaktionen. Mir war unwohl, manchmal verkrampfte sich mein Magen, und obendrein fing ich auch an, geistig durchzudrehen. Ich war zu einem dieser Menschen geworden, die ihren Job bereits »innerlich gekündigt« haben, und mir fiel es unglaublich schwer, das Positive zu sehen. Das Kundenprojekt war für mich ein Papiertiger: Ich war mir sicher, dass es nach der Konzeption in der Schublade landen und niemals umgesetzt werden würde. Doch das Schlimmste für mich war, dass ich 80 % der Zeit nichts zu tun hatte. Es gab Tage, an denen kam ich montags um 7 Uhr ins Büro und wusste, dass ich bis 17 Uhr keine einzige Aufgabe haben werde und einfach nur die Zeit absitzen muss. Mein Fokus lag ab nun jeden Tag darauf, etwas zu finden, was ich erledigen konnte, um doch noch einen Mehrwert zu generieren und die positiven Aspekte dieser Situation zu sehen.

Ich war mit einer Vision und einer klaren Beschreibung dessen, was ich tun wollte, in ein Unternehmen gewechselt. Statt versprochener Unterstützung und gemeinsamer Visionen wurde ich des Geldes wegen in ein Projekt versetzt, das weder mir persönlich noch dem Unternehmen nachhaltigen Mehrwert bieten würde. Die Situation wurde nicht nur akzeptiert, sondern ich wurde als Mitarbeiter bewusst in diese Lage versetzt.

**Heute lehne ich Kunden, die nicht zu mir passen, rigoros ab.**

Der einfachste Ausweg für mich wäre ein neues Projekt gewesen, das meiner Persönlichkeit und meinen Stärken eher entsprochen hätte. Ich wurde aktiv und begann selbst mit der Akquise von Projekten, und dabei fand ich etwas heraus: Ich spreche gerne mit Menschen, und ich bin gut in der Akquise. Auf einmal wurde mir klar, dass es für mich nur einen einzigen Weg gibt, um tatsächlich eine Veränderung in dieser Welt zu gestalten: Ich muss meinen eigenen Rahmen aufbauen und meine eigene Firma gründen. Diese Erfahrung diente meinem persönlichen Wachstum. Heute lehne ich Kunden, die nicht zu mir passen, rigoros ab.

Zwei Monate später sitze ich in einem alten und unglaublich bequemen Sessel. Neben mir mein bester Freund und langjähriger Weggefährte, vor uns ein riesiger Tisch, auf dem der Gesellschaftervertrag für die Gründung unserer GmbH liegt. Der Notar liest uns alle relevanten Dokumente vor, ich unterschreibe ein paar Mal, und es ist vollbracht. Wir haben auf dem Fahrersitz Platz genommen und die Entscheidung getroffen, ein Unternehmen aufzubauen, in dem Menschen ihr volles Potenzial ausschöpfen können. In dem wir unseren zukünftigen Mitarbeitern einen Raum anbieten, wo sie wachsen und ihre eigenen Ideen verwirklichen können.

Diese Entscheidung war für mich ein Schlüsselmoment im Verständnis von Agilität. Ich hatte die Verantwortung für mich selbst übernommen und mich aus meiner Ohnmacht befreit. Ich hatte den Entschluss gefasst, nie wieder abhängig von Entscheidungen anderer zu sein.

Das Buch, das du gerade liest, ist der erste Schritt bei der Umsetzung der Produktstrategie, die ich damals geschrieben habe. Ich weiß nicht, ob es ein Erfolg wird, aber ich glaube daran, dass wir in unseren Unternehmen etwas verändern müssen, und ich fühle mich verpflichtet, mein Wissen darüber zu verschriftlichen.

Die Situation, in der ich mich befand, ist leider kein Einzelfall. Führungskräfte, die ihre Mitarbeiter so behandeln, kosten deutsche Unternehmen 103 Milliarden Euro pro Jahr. Das hat die Gallup-Organisation in ihrem jährlichen »Engagement Index« für Deutschland ermittelt. Dieser beschreibt die emotionale Bindung, die Mitarbeiter zu ihren Unternehmen haben. Demnach haben 14 % aller Mitarbeiter bereits »innerlich gekündigt« und sollten eigentlich den Job wechseln.

**14 % aller Mitarbeiter haben bereits »innerlich gekündigt« und sollten eigentlich den Job wechseln.**

Lediglich 15 % der Mitarbeiter haben in Deutschland eine hohe emotionale Bindung an ihren Arbeitgeber. Das bedeutet, dass diese Menschen jeden Tag mit Freude und Leidenschaft ihrem Beruf nachgehen. Das sind die Mitarbeiter, denen du für einen ähnlichen Job in einem anderen Unternehmen 20 % mehr Gehalt anbieten könntest, und sie würden ohne zu zögern ablehnen.

Im Gegenzug dazu würde fast jeder der 14 % ohne emotionale Bindung für 20 % mehr Gehalt seinen Job sofort wechseln. Die restlichen 71 % der Mitarbeiter machen »Dienst nach Vorschrift«.

Um diesen Punkt nochmals zu verdeutlichen: Wenn mir jemand die Chance gegeben hätte, ab morgen in ein anderes Projekt zu gehen, hätte ich sofort alles stehen und liegen lassen, so verzweifelt war ich in meinem täglichen Tun. Ich gehörte zu den 14 %, die »innerlich gekündigt« hatten, und in meinem Kopf gab es nur eine Frage: Wie kann ich das ändern?

Es gibt einen Unterschied zwischen »Mir macht das keinen Spaß, ich habe keine Lust« und »Die Situation ist nicht mehr akzeptabel«. Bevor ich die Entscheidung treffen konnte, meinen Job erneut zu kündigen, wollte ich ausprobieren, was ich tun könnte, damit sich meine Situation verbessert.

Der erste Schritt war, meine Gedanken richtig auszurichten. Immer wenn ich eine Aufgabe bekam, habe ich auf meine Gedanken geachtet. Wenn ich dachte: »Das kann ich nicht«, »Dafür bin ich zu blöd«, »Darauf habe ich keine Lust«, fragte ich mich: »Was kann ich als ersten Schritt tun, um es doch zu erledigen?«

Der zweite Schritt war, mit Kollegen zu interagieren. Ich fing an, mich dafür zu interessieren, was sie in ihrer Freizeit tun, und fragte sie nach Tipps und Ideen für meine tägliche Arbeit.

Der dritte Schritt war die Umsetzung. Bei jeder Aufgabe stellte ich mir die Frage, was der erste Schritt wäre, um ein Ergebnis zu produzieren. Auch wenn die Aufgabe nach diesem ersten Schritt noch längst nicht fertig war, hatte ich so doch immerhin einen Teil, über den ich mit meinen Kollegen sprechen konnte. Deren Feedback half mir dann oft dabei, herauszufinden, was der nächste Schritt war. Diese Art des Arbeitens finde ich auch heute noch extrem produktiv. Wenn du beispielsweise die Aufgabe bekommst, eine Präsentation für einen Kunden vorzubereiten, dann sitzt du erstmal vor einem leeren Blatt Papier. Dieses zu füllen, braucht eine gewisse Zeit. Wenn du allerdings einen fertigen Entwurf dieser Präsentation erhältst, dann weißt du bestimmt intuitiv, wie die Präsentation hätte sein sollen.

Wir Menschen sind im Verbessern wesentlich besser als im Erschaffen. Agil zu sein, bedeutet für mich auch, schnell erste Ergebnisse zu produzieren und auf deren Basis eine hohe Qualität zu erzeugen. Dabei müssen wir jedoch immer etwas vorsichtig sein, damit wir unsere Flexibilität behalten. Eine Idee loszulassen, ist manchmal sehr schwierig. Doch es geht um das Ergebnis, das wir produzieren wollen, nicht darum, wer die beste Idee hat.

Durch Fokussierung auf die positiven Aspekte wurde meine Situation mit der Zeit etwas besser, aber mein Bauchgefühl blieb unverändert: Ich musste etwas verändern, und diese Veränderung war der Schritt in die Selbstständigkeit.

Ich habe aus dieser Situation mehrere Dinge gelernt:

1. Ich möchte zu den 15 % der Menschen gehören, die ihren Job lieben, in ihrem Beruf eine gute Zeit haben und etwas tun, was auf dieser Welt einen Unterschied macht.
2. Ich muss gar nichts! Wenn sich der Job einfach falsch anfühlt, kann mich niemand zwingen, »durchzuhalten«.
3. Die wichtigste Aufgabe einer Führungskraft ist es, sich um die Mitarbeiter zu kümmern.
4. Es gibt einen riesigen Unterschied zwischen einem Gründer und einem Geschäftsführer.
5. Startups können langsamer sein als Großkonzerne. Agilität beginnt beim Menschen.

Rückblickend habe ich in dieser Zeit viel über mich und Agilität gelernt. Allerdings hatte ich die oben genannten Erkenntnisse schon nach einem Monat, und die restliche Zeit quälte ich mich nur noch. Mein Appell an dich ist ganz klar: Wenn du jeden Tag keine Lust hast, deinem Job nachzugehen, dann übernimm die Verantwortung für dein Leben und entscheide dich für eine Veränderung, die dir guttut.

Meine Entscheidung, in Unternehmen den Rahmen so aufzubauen, dass Menschen ihr Potenzial ausschöpfen und mit Spaß und Leidenschaft ins Büro kommen, war getroffen, und das ist der Grund, warum du diese Zeilen lesen kannst. Ich bin der festen Überzeugung, dass Hochleistung und Agilität erst dann entstehen, wenn dieser Rahmen gegeben ist. Untermauert wird diese These von der Gallup-Studie, die herausgefunden hat, dass in agilen Organisationen die Anzahl der Mitarbeiter, die eine hohe emotionale Bindung zu ihrem Unternehmen haben, bei 43 % liegt.

Dabei gibt es Unterschiede zwischen dem persönlichen Warum und dem Warum des Unternehmens. Diese beiden Warums sollten jedoch im Einklang stehen und in die gleiche Richtung laufen. Wenn dies nicht der Fall ist, wird ein Mitarbeiter zwangsläufig irgendwann keinen Sinn in seiner Arbeit mehr sehen, sich wieder auf sein eigenes Warum fokussieren und höchstwahrscheinlich unglücklich werden. Genau das habe ich erlebt, und das ist der Grund, warum ich mir mit meiner eigenen Firma meinen eigenen Rahmen aufgebaut habe.

**Aus Mitarbeitersicht bedeutet das für dich: Du solltest prüfen, ob du dein Warum in diesem Unternehmen ausleben kannst.**

Aus unternehmerischer Sicht bedeutet das: Du solltest prüfen, ob das Warum eines Mitarbeiters zu dem Warum deines Unternehmens passt. Doch Vorsicht: Es muss nicht genau das gleiche Warum sein, doch es sollte bestätigen, dass ihr in die gleiche Richtung geht. Aus Mitarbeitersicht bedeutet das für dich: Du solltest prüfen, ob du dein Warum in diesem Unternehmen ausleben kannst.

## Was Agilität wirklich ist

Nun stellt sich die Frage: Wenn Agilität nicht einfach dadurch entsteht, dass man Scrum oder eine andere Methode einführt – um was geht es dann?

Bei der Suche nach Synonymen zu »agil« finden wir Wörter wie »energetisch«, »munter«, »biegsam«, »geschmeidig«, »lebhaft«, »schnell«, »rasant«, »scharfsinnig«, »temperamentvoll«, »aktiv«, »aufmerksam«, »geschäftig«, »klug«, »geschickt«, »leicht zu bewegen«, »quicklebendig«, »prompt«, »schlagfertig«, »bereit«, »sportlich«, »kräftig« und »flink«. Die Synonyme lassen darauf schließen, dass wir durch agiles Arbeiten mit viel Energie für die Veränderungen des Marktes gewappnet sind und jederzeit schnell reagieren können. Dies bestätigen auch viele Synonyme zu dem dazugehörigen Substantiv »Agilität«, wie »Klugheit«, »Schnelligkeit«, »Aktivität«, »Schärfe«, »Bereitwilligkeit«, »Wachsamkeit«, »Frische«, »Flüchtigkeit«, »Munterkeit«, »Geschmeidigkeit«, »Lebendigkeit«, »Lebhaftigkeit« und »Schlagfertigkeit«.

Genauso spannend wie der Bedeutungshorizont der Synonyme ist jener der Antonyme: Wer »nicht agil« ist, wäre somit »apathisch«, »deprimiert«, »entmutigt«, »niedergeschlagen«, »stumpf«, »ignorant«, »inaktiv«, »faul«, »lethargisch«, »leblos«, »starr«, »langsam«, »träge«, »steif«, »blöd« und »ungeschickt«.

**Viele Menschen sind also schon längst agil.**

Wer würde sich selbst nach dieser Definition nicht als »agil« bezeichnen? Vermutlich kaum jemand. Viele Menschen sind also schon längst agil. Warum würde kaum jemand dies auch für das Unternehmen unterschreiben, in dem er arbeitet? Agilität ist nicht das nächste »große Ding«, das die Welt verändert, sondern eher etwas, das man sinnbildlich als »alter Wein aus neuen Schläuchen« bezeichnen könnte. Beispielsweise sind Lean Management, Unternehmenskommunikation oder Konzepte der Mitarbeiterentwicklung nichts Neues. Doch Unternehmen müssen anfangen, diesen Wein auch zu trinken, also eine entsprechende Kultur und Methodik im Unternehmen zu leben und umzusetzen. Wenn ich mir eine agile Organisation vorstelle, dann denke ich an glückliche Menschen, die gerne arbeiten, die kreativ und innovativ sein dürfen und genügend Freiräume bekommen, um ihre Arbeit auf qualitativ hochwertige Weise zu erledigen. Mitarbeiter, für die ihre Kunden immer im Fokus stehen. Es gibt eine klare Unternehmensvision und -strategie und eine starke Führung, die harmonisch und zum Wohle der Kunden, der Mitarbeiter und des Unternehmens agiert.

In agilen Organisationen existiert ein starker Wille zur Kooperation. Entscheidungen werden mutig getroffen, und es wird aus Fehlern gelernt. Ergebnisse werden in kurzen Zyklen erarbeitet, und es wird kontinuierlich überprüft, was daraus gelernt und verbessert werden kann. Der Wissensaustausch innerhalb der Organisation wird gefördert, und Mitarbeiter dürfen und sollen Verantwortung übernehmen. Das Ergebnis sind ein signifikanter Wettbewerbsvorteil und eine hohe Innovationskraft.

**Agilität ist die Fähigkeit einer Organisation, sich zeitnah, effektiv und nachhaltig zu verändern.**

Agilität ist die Fähigkeit einer Organisation, sich zeitnah, effektiv und nachhaltig zu verändern, um Performance-Vorteile zu erzielen. Damit das funktioniert, müssen Menschen dazu bereit sein, sich kontinuierlich zu verändern. Genau das fällt uns unglaublich schwer.

Ich möchte hier eine Geschichte aus der Tierwelt wiedergeben, die ich vor einiger Zeit in einer Zeitung gelesen habe. An einem sonnigen Tag im Februar 2018 standen zwei Elefanten in ihrem Gehege in einem thailändischen Zoo. Sie waren mit einem Seil an zwei winzigen Holzpflöcken festgebunden, als plötzlich ein Feuer ausbrach und das Leben der beiden bedrohte. Als das Feuer immer näher kam, gerieten die beiden in Panik, aber sie blieben stehen. Die Kraft der Elefanten hätte problemlos ausgereicht, um die Holzpflöcke aus dem Boden zu reißen. Aber leider taten sie diesen einfachen Schritt nicht, sondern wurden von den Flammen erfasst und starben im Feuer. Die Frage ist: Warum blieben die beiden stehen?

Die Antwort liegt im Denkmuster der beiden Elefanten. Wenn Elefanten klein sind, werden sie mit massiven Metallketten an starken Metallpflöcken festgebunden. Der Babyelefant kann ziehen und zerren, wie er will – von dieser Befestigung kann er sich nicht lösen. Er probiert es mehrere Male und akzeptiert dann irgendwann seine Situation. Sobald er eine Kette um den Hals bekommt, erinnert er sich an diese Erfahrung und versucht nicht mehr wegzulaufen. Selbst wenn es sich nur noch um ein Seil an einem Pflock handelt.

**Denkmuster kontinuierlich zu durchbrechen – das ist Agilität.**

Solche Denkmuster kontinuierlich zu durchbrechen – das ist Agilität. Dabei ist eine Sache wichtig: Denkmuster sind nicht umsonst da. Sie ermöglichen es uns, blitzschnell Entscheidungen zu treffen und zu agieren. Du erlebst das jeden Tag, zum Beispiel beim Autofahren: Wenn dir ein Fußgänger vor den Wagen läuft, denkst du nicht darüber nach, du agierst sofort und versuchst den Unfall zu vermeiden. Genauso beim Gehen: Wenn du stolperst, agierst du sofort und versuchst, einen Sturz zu vermeiden. Solche Denkmuster helfen uns im Alltag und sind absolut sinnvoll. Mach dir bewusst, was dein aktuelles Ziel ist, und hinterfrage kontinuierlich, ob es einen besseren Weg gibt, um dein Ziel zu erreichen. Wenn du dann ein Denkmuster findest, das dich behindert, verändere es.

## Es braucht Werte

Menschen, die Denkmuster kontinuierlich hinterfragen und diese immer wieder verändern, fühlen sich in ihrem Umfeld sicher. Denn seine Komfortzone zu verlassen und einen neuen Weg zu gehen, ist immer mit dem Risiko verbunden, dabei Fehler zu machen. Wenn Fehler durch Vorgesetzte oder Kollegen bestraft werden, werden wir versuchen, sie zu vermeiden.

Fehler zuzulassen und miteinander darüber zu reden, was wir aus ihnen lernen können, muss fest in den **Unternehmenswerten** und der Unternehmenskultur verankert sein, wenn wir Agilität und Höchstleistung erreichen wollen.

**Werte definieren die DNA des Unternehmens.**

Diese Werte definieren die DNA des Unternehmens und beschreiben, wie die Menschen dort miteinander umgehen wollen. Die Werte müssen von allen Mitarbeitern mitbestimmt und mitgetragen werden. Denn wenn Werte nicht gelebt werden, dann sind sie nur leere Worte auf Papier.

Eine weit verbreitete Definition des Begriffs »Wert« lautet: »Werte (Wertvorstellungen) sind allgemein erstrebenswerte, moralisch oder ethisch als gut befundene spezifische Wesensmerkmale einer Person innerhalb einer Wertegemeinschaft. Aus den präferierten Werten und

Normen resultieren Denkmuster, Glaubenssätze, Handlungsmuster und Charaktereigenschaften. In Folge entstehen Ergebnisse (Resultate, Erlebnisse, Erfolge), die die gewünschten werthaltigen Eigenschaften besitzen oder vereinen sollen.«

Kevin und ich haben uns während der Gründung unserer Firma Digital Native Xperience GmbH gefragt, was unsere Werte sind, und diese für uns festgelegt. Wir wollen uns einmal im Jahr Zeit nehmen, diese Werte zu reflektieren und zu überlegen, ob uns etwas wichtiger geworden ist. Alle Entscheidungen, die wir treffen, sind an unserer Vision und unseren Werten ausgerichtet.

**(Voller) Leidenschaft**
Wir tun, was wir lieben, und lieben, was wir tun. Wir bilden den Rahmen, in dem jeder sein volles Potenzial ausschöpfen kann.

**Ergebnisse (sprechen)**
Wir sprechen von Ergebnissen. Wir wollen, hätten, müssten, könnten, sollten mal dies und das tun – das gibt es bei uns nicht.

**(Blindes) Vertrauen**
Wir vertrauen unserem Team, unseren Fähigkeiten und unseren Entscheidungen. Wir respektieren die Perspektive des anderen.

**Lean (managen)**
Wir managen einfach lean. Wir identifizieren Engpässe und lösen diese nachhaltig auf, damit wir die höchste Form der Raffinesse erreichen – Einfachheit.

**Verantwortung (übernehmen)**
Wir handeln aktiv und tun, was richtig ist. Wir fokussieren uns auf die Dinge, die unseren Kunden und uns den größten Mehrwert bieten.

**(Kontinuierliches) Wachstum**

Wir lernen jeden Tag dazu, um kontinuierlich zu wachsen. Ein Buch zu lesen, einen Podcast zu hören oder eine Fortbildung zu besuchen, ist immer in Ordnung.

**(Offene) Kommunikation**

Wir kommunizieren ehrlich und direkt über Hierarchien hinweg. Wir sprechen positive Ereignisse oder Probleme direkt an.

**Fast alle zwischenmenschlichen Konflikte lassen sich auf unterschiedliche Werte zurückführen.**

Diese sieben Werte spiegeln uns und unsere Einstellung wider. Wenn jemand in unser Team kommt und ein Teil unseres Unternehmens wird, schauen wir ganz genau auf seine Werte. Wenn jemand zum Beispiel auf die Frage, ob er Bücher liest, antwortet, dass ihm das im Leben nicht in den Sinn kommen würde, und er auf die Nachfrage, ob er es sich denn vorstellen könne, im Rahmen der Arbeit zu lesen, mit einem klaren »nein« antwortet, passt dieser Mensch nicht in unser Unternehmen. Unsere Werte sind die Basis der Zusammenarbeit. Fast alle zwischenmenschlichen Konflikte lassen sich auf unterschiedliche Werte zurückführen.

Dein Unternehmen hat wahrscheinlich andere Werte, jede Organisation muss herausfinden, was für sie besonders wichtig ist. Wir haben uns damals zusammengesetzt und einen ganzen Tag lang darüber gesprochen, was uns besonders wichtig ist und was uns nervt. Mich bringt es beispielsweise auf die Palme, wenn jemand keine Ergebnisse liefert, sondern immer nur neue Ausflüchte hat. Daraus hat sich unser Wert »Ergebnisse sprechen« entwickelt. Nachdem unser Papier voll mit Notizen und Ideen war, bin ich im Internet auf die Suche nach Werten gegangen. Es gibt eine tolle Liste, bei der du alles auswählen kannst, was dir direkt zusagt. Nach vielen und langen Diskussionen haben wir uns auf unsere sieben Werte geeinigt und uns vorgenommen, diese in jedem Quartalsmeeting mit unserem Team zu reflektieren. Außerdem achten wir darauf, niemanden einzustellen, der sich gar nicht mit unseren Werten identifizieren kann. Wichtig ist, dass die Werte gelebt werden. Jedes einzelne Unternehmen, das ich bisher kennengelernt habe, hat solche Werte, aber in den wenigsten Unternehmen werden die Werte auch offen gelebt.

Jeder Mensch hat eine Motivation für sein Handeln, und es gibt Dinge, die ihm besonders wichtig sind. Der eine braucht Sicherheit im Job, der andere Abenteuer. Genauso hat jeder unterschiedliche Gründe, warum er tut, was er tut. Wenn wir Unternehmen aufbauen und Menschen zu einem Team zusammenbringen, dann müssen wir uns mit den Menschen beschäftigen. Du musst verstehen, wer der Kollege ist, mit dem du jeden Tag acht Stunden deiner wertvollen Zeit verbringst.

## Verschiedene Stufen von Organisationen

Doch selbst mit einem starken Warum und gelebten Werten fehlt noch ein Puzzleteil, um zu verstehen, wie Hochleistungsteams praktisch von alleine entstehen.

Dieses Puzzleteil hat mit unserer Historie zu tun. Die einfachste Form, sich als Team zu organisieren, gleicht der Organisation von Steinzeitmenschen. In der Urzeit haben wir in kleinen Gruppen in Höhlen gelebt und das Risiko, zu sterben, war extrem hoch. Der Anführer der Gruppe war oftmals ein starker Krieger (oder eine starke Kriegerin) und hat sich durch ständige Machtausübung den Gehorsam der Gruppe gesichert. Diese Gruppe oder kleine Organisation definierte sich über Angst und den Drang, zu überleben. Es gab keine strategischen Pläne. Der Fokus lag immer auf dem Beschaffen von Nahrung und dem Sichern des Überlebens. Desto größer Chaos und Angst sind, desto eher verfallen wir in diese Form der Organisation.

Die zweite Form der Organisation ist durch stark formalisierte Rollen innerhalb einer hierarchischen Pyramide gekennzeichnet. Es gibt klare Regeln und Prozesse, die immer wieder durchlaufen werden. Klassische

Beispiele sind heutzutage Behörden, Schulen oder das Militär. Der Fokus liegt auf Stabilität.

Die meisten Unternehmen, die heute am Markt agieren, nutzen die dritte Organisationsform. Diese ist leistungsorientiert. Das bedeutet, dass der Profit im Fokus liegt und es in der Regel Konkurrenzdenken und -kämpfe gibt. Eine solche Organisation funktioniert im Grundgedanken wie eine Maschine, die mit festgelegten Prozessschritten ein Produkt herstellt. Für jeden Prozessschritt sind bestimmte Ressourcen in Form von Material und Arbeitskraft (vom Menschen) notwendig. Der Manager der Maschine ist dafür verantwortlich, dass die Maschine zuverlässig Ergebnisse produziert. Die Menschen sind nur Ressourcen auf dem Papier und beliebig austauschbar.

Zwischen der zweiten und der dritten Organisationsform liegt aus meiner Sicht die Industrialisierung. Als Frederick Winslow Taylor das Prinzip des Taylorismus begründete und von Henry Ford das Fließband eingeführt wurde, wurde die Arbeit in kleinstmögliche Schritte unterteilt. Aufgabe der Arbeiter war es nun, genau einen dieser einfachen und kleinteiligen Arbeitsschritte so auszuführen wie vorgegeben. Mitdenken und Optimierungspotenziale aufdecken war nicht erforderlich, es herrschte eine strikte Trennung von »Hand und Kopf«, also von Denken und Handeln. Durch niedrige Produktpreise und relativ hohe Löhne eröffnete Ford den Weg zum Massenkonsum, der in Kombination mit den veränderten Arbeitsprozessen die Massenproduktion ermöglichte. Gesteigerter Konsum ging bei den Arbeitern also einher mit hoher Kontrolle und repetitiver Arbeit, sodass sie ihre Potenziale nicht entfalten, geschweige denn sich beruflich entwickeln konnten.

Im Laufe der gesellschaftlichen Entwicklung haben Arbeitnehmer immer mehr Verantwortung übernommen. Mittlerweile ist der größte Unterschied der heutigen Arbeitswelt zum Taylorismus, dass wir unsere Arbeit eigenverantwortlich erledigen möchten.

**Die Rolle der Führungskraft verändert sich, vom Entscheider und Manager hin zum Menschenentwickler.**

Das bringt uns zur vierten Organisationsform. Diese enthält zwar eine klassische Pyramidenstruktur mit klarer Hierarchie, allerdings verändern sich die Entscheidungsstrukturen. Die hierarchische Führungskraft (beispielsweise der Geschäftsführer oder ein Bereichsleiter) gibt die Verantwortung für das Treffen einer Entscheidung an seinen Mitarbeiter ab. Je nach Aufgabe bildet sich ein neues Team aus den Menschen der einzelnen Abteilungen der Pyramide. Dieses Team erhält die Verantwortung für das Liefern eines bestimmten Ergebnisses. Es hat die Entscheidungskompetenzen und ist bereit, die Verantwortung zu übernehmen. Die Rolle der Führungskraft verändert sich, vom Entscheider und Manager hin zum Menschenentwickler. Du merkst es wahrscheinlich schon: Diese Form der Organisation fördert die Agilität.

**Wir müssen die Angst davor verlieren, Entscheidungen zu treffen.**

Wenn ich mir die Unternehmen anschaue, in denen ich arbeiten durfte, dann habe ich jedes Mal erlebt, dass Agilität gewünscht und gefordert war, die Führungskräfte aber an ihrer eigenen Macht und damit dem Gedanken der Maschine festgehalten haben. Damit Menschen ihr Potenzial ausschöpfen können, muss sich die Art und Weise verändern, wie Menschen geführt und gefördert werden. Wir müssen die Angst davor verlieren, Entscheidungen zu treffen.

Dabei genießen wir das Privileg, über Entscheidungen in Ruhe nachdenken zu können, ohne dass eine Nicht-Entscheidung eine signifikante Auswirkung hat. Spannend ist, dass diese Entscheidungs*freiheit* zu einer Entscheidungs*lähmung* geführt hat. Es gibt so viele Möglichkeiten, dass wir niemals alle durchdenken können und daher Angst haben, die falsche Entscheidung zu treffen.

Die Erde ist 4,6 Milliarden Jahre alt. Dabei haben wir, der Homo sapiens, uns erst vor 200 000 Jahren entwickelt. Das iPhone gibt es erst seit zehn Jahren. In den vergangenen 199 000 Jahren haben wir uns technologisch signifikant weniger entwickelt, als dies in den letzten zehn Jahren der Fall war, und in den nächsten zwei Jahren wird es noch mehr Innovationen und Entwicklungen geben als in den letzten zehn Jahren. Dieses exponentielle Wachstum beschreibt das Mooresche Gesetz. Gordon Moore sagte 1965 voraus, dass sich die Leistungsfähigkeit von Computerhardware alle zwei Jahre verdoppeln würde, und damit hat er bis heute recht behalten. Die Geschwindigkeit von Innovationen und deren Verbreitung nimmt stetig zu und zwingt uns dazu, jeden Tag Entscheidungen zu treffen.

Einer meiner Vorfahren, der vor 10 000 Jahren gelebt hat, wird Entscheidungen wesentlich schneller getroffen haben, als ich das heute tue. Denn für ihn ging es damals primär darum, einen sicheren Schlafplatz und ausreichend Nahrung zur Verfügung zu haben sowie seine Familie oder seinen Stamm beschützen zu können. Wenn ein Tier oder andere Menschen angriffen, dann hat er innerhalb von Sekunden entscheiden müssen, ob er kämpft oder flieht. Diese schnellen Entscheidungen sind für mich ein integraler Bestandteil der Agilität.

Es kommt etwas Unerwartetes, auf das wir reagieren müssen, wir entscheiden und reagieren. Oder wir haben bei dem Versuch, ein Mammut zu erlegen, versagt, daraus gelernt, und beim nächsten Mal versuchen wir es mit einer neuen Taktik. Die Frage nach Agilität stellte sich vor 5000 Jahren niemand. Wir trafen Entscheidungen sofort und intuitiv, da eine ausbleibende Entscheidung oftmals zu einer signifikant höheren Chance führte, zu sterben.

Diese Gefahr ist für Unternehmen auch vorhanden und sie ist im Top-Management vieler Großkonzerne präsent. Aber für den Einzelnen, der an der Basis arbeitet, ist sie nicht greifbar. Das ist auch gut so, denn wenn jeder Mensch jeden Tag Angst haben müsste, dass es seinen Job und seine Firma morgen nicht mehr gibt, wären wir wahrscheinlich wie gelähmt.

Trotzdem brauchen wir den Realismus, dass sich der Markt mit einer hohen Geschwindigkeit verändert und Startups in der Lage sind, das Geschäftsmodell eines anderen Unternehmens in kurzer Zeit besser und günstiger nachzubauen, signifikante Marktanteile zu gewinnen und das Unternehmen vom Markt zu verdrängen. Menschen sind dabei häufig wesentlich weiter als Unternehmen, denn während der Einzelne auch einmal bereit ist, eine mutige Entscheidung allein zu treffen, braucht es in Unternehmen immer das Kollektiv. Viele unterschiedliche Meinungen zu vereinen und einen Konsens zu finden, ist extrem viel Arbeit. Überleg einfach, wie schnell du die Entscheidung triffst, eine App auf deinem Smartphone zu installieren und wieder zu deinstallieren, wenn sie dir nicht gefällt. Wie lange dauert es im Vergleich dazu in deinem Unternehmen, zu entscheiden, ob du etwas ausprobieren darfst oder eben nicht?

Es war zu keiner Zeit so risikolos wie heute, Entscheidungen einfach zu treffen und zu schauen, was passiert. Doch damit wir das können, müssen wir die Auswirkungen der Entscheidungen verkleinern.

In einem Projekt trug ich die Verantwortung für die Einrichtung unseres Büros. Dazu gehörten Schallschutzelemente, die die Lautstärke im Großraumbüro senken sollten. Ich hatte mit einem Experten ein Konzept erarbeitet und hätte es direkt umsetzen können. Statt für alle 300 Arbeitsplätze bestellte ich die Schallschutzelemente im ersten Schritt allerdings nur für 30 Arbeitsplätze. Dadurch konnten wir Erfahrungen sammeln und unsere Mitarbeiter fragen, ob die Elemente das gewünschte Ergebnis bringen. Tatsächlich war das nicht der Fall, sodass wir für die 270 verbleibenden Arbeitsplätze eine andere Lösung entwickelten. So verringerten wir die Auswirkung der ersten Entscheidung.

Zusätzlich ist es von hoher Bedeutung, die Resultate einer Entscheidung zu messen. Dieses erfordert ein hohes Maß an Disziplin, um daraus zu lernen und die richtigen Schlussfolgerungen für nachstehende Entscheidungen zu ziehen.

Unternehmen sind heute häufig in der dritten Organisationsform gefangen und arbeiten wie eine Maschine. Der Fokus liegt nicht auf dem Menschen. In einem großen Projekt, in dem ich arbeitete, war meine Aufgabe, die Kosten im Blick zu behalten. Ich hatte eine Tabelle, in der alle Menschen und deren Kosten erfasst waren. Dort standen sieben Softwareentwickler untereinander, und jeder kostete ungefähr 800 Euro pro Tag. Auf dem Papier konnte ich einfach den Namen eines Entwicklers austauschen, und es änderte sich nichts an meinen Kosten. Aber an meinem Ergebnis änderte sich einiges! Eine Sache, die mir immer wichtig war, ist, den Menschen hinter der Zahl zu kennen und zu verstehen.

Der Wunsch des Unternehmens liegt allerdings darin, agiler zu werden und somit in die vierte Organisationsform überzugehen. Hierfür muss der Fokus auf den Menschen gelegt werden. Denn du weißt ja: Unternehmen bestehen aus Menschen.

**Unternehmen bestehen aus Menschen.**

Was es mit unserem fehlenden Puzzleteil auf sich hat, lässt sich gut anhand der Metapher des »unendlichen Spiels« zeigen, die die Veränderung einer Organisation hin zu einer agilen Organisation verdeutlicht.

## Endliche und unendliche Spiele

Während ein »endliches Spiel« per Definition ein Ende hat, hört das »unendliche Spiel« niemals auf. Das bedeutet, dass der Sinn des Spiels ein komplett anderer ist. Während wir ein endliches Spiel gewinnen wollen und alle verfügbaren Ressourcen dafür einsetzen, den Sieg zu erringen, ist der Sinn des unendlichen Spiels, mit den verfügbaren Ressourcen möglichst lange im Spiel zu bleiben. Agile Organisationen bleiben mit den verfügbaren Ressourcen so lange im Spiel, wie es geht.

**Der Sinn des unendlichen Spiels ist, mit den verfügbaren Ressourcen möglichst lange im Spiel zu bleiben.**

Die Regeln der beiden Spiele sind von Grund auf verschieden, und die Frage, die wir uns immer wieder stellen (und beantworten) sollten, lautet: Spiele ich das richtige Spiel?

In einem endlichen Spiel gibt es feste Regeln, die nicht veränderbar sind, es gibt ein definiertes Ende, und es gibt mindestens zwei Spieler, die gegeneinander spielen. Ein typisches endliches Spiel ist Fußball. Zwei Mannschaften spielen gegeneinander mit dem Ziel, den Ball ins Tor zu schießen. Wer nach 90 Minuten mehr Tore geschossen hat, hat das Spiel gewonnen.

In einem unendlichen Spiel gibt es eine unbestimmte Anzahl an Spielern, die dem Spiel nach Belieben beitreten und es wieder verlassen können. Die Regeln können verändert werden und es gibt keinen Gewinner. Das Spiel endet nie.

Geschäftsmodell und Unternehmensstrategien sind, gerade in Organisationen der dritten Form, häufig darauf ausgelegt, dass Spiel zu gewinnen: Ziele wie die Marktführerschaft oder eine bestimmte Umsatzgrenze sollen erreicht werden. Die Unternehmensstrukturen sind so ausgerichtet, dass alle vorhandenen Ressourcen für diesen Zweck eingesetzt werden. Viel sinnvoller wäre es aber, die gesamte Lebensdauer eines Unternehmens als unendliches Spiel zu betrachten, also möglichst lange im Spiel zu bleiben und Ressourcen nachhaltig einzusetzen, um Etappenziele zu erreichen.

Der zweite wesentliche Unterschied zum herkömmlichen Verhalten als Teilnehmer im endlichen Spiel ist der Faktor Veränderung. Wenn sich die Regeln immer verändern, dann müssen wir in der Lage sein, flexibel zu reagieren. Ich kann mich noch gut an den Tag erinnern, als das Unternehmen Flixmobility im Jahr 2013 auf dem Markt erschien. Mit seinem Produkt, dem Flixbus, ermöglichte es Mobilität zwischen Großstädten zu Preisen, die die Deutsche Bahn vor eine ganz neue Herausforderung stellten. Es war auf einmal möglich, für 10 Euro von Berlin nach Frankfurt zu fahren. Zwar dauerte die Fahrt signifikant länger als mit dem Zug, allerdings war meiner Cousine das beispielsweise ganz egal. Als Studentin musste sie ihre Ausgaben gering halten, und der Flixbus war eine tolle Alternative zu Bahn und Auto. Bis heute hat die Bahn keine Antwort auf das Unternehmen Flixmobility gefunden, das stetig wächst. Das Produkt Flixbus hat die Regeln für die Mobilität verändert, da Busreisen auf einmal wieder attraktiv und gefragt waren.

Was hast du dir gedacht, als du gelesen hast, dass alles sich in Veränderung befindet und wir flexibel bleiben müssen? Wie findest du es, dass die Regeln geändert werden können? Wir brauchen das Bewusstsein, dass auch wir selbst jederzeit die Regeln ändern können. Jedes neue Produkt, jeder neue Service und jede neue Erkenntnis bedeutet, dass sich die Regeln verändern. Innovation bedeutet Veränderung, und diese können wir mit unserem Unternehmen gestalten.

**Wir brauchen das Bewusstsein, dass auch wir selbst jederzeit die Regeln ändern können.**

## Vom Projekt zum Standing Team

### Das Ende der Projekte

In klassisch strukturierten Unternehmen werden heute immer wieder endliche Spiele in Form von Projekten gestartet. Häufig werden agile Methoden wie Scrum oder Design Thinking dazu verwendet, ein Projekt durchzuführen. Hierbei findet eine Vermischung von endlichen und unendlichen Spielen statt, denn ein Unternehmen hat kein definiertes Ende und soll natürlich langfristigen Erfolg haben.

Eine sehr häufig verwendete Definition für »Projekt« gibt die DIN 69901 des Deutschen Instituts für Normung e. V. vor:

> »Vorhaben, das im Wesentlichen durch die Einmaligkeit, aber auch Konstante der Bedingungen in ihrer Gesamtheit gekenn-

zeichnet ist, wie z. B. Zielvorgabe, zeitliche, finanzielle, personelle und andere Begrenzungen; Abgrenzung gegenüber anderen Vorhaben; projektspezifische Organisation.«

Laut dem anerkannten Framework PRINCE2® gilt folgende Definition:

> »Ein Projekt ist eine für einen befristeten Zeitraum geschaffene Organisation, die mit dem Zweck eingerichtet wurde, ein oder mehrere Produkte in Übereinstimmung mit einem vereinbarten Business Case zu liefern.«

**Projekte sind immer einmalig, haben ein bestimmtes Ende und werden durchgeführt, um ein klar definiertes Ziel zu erreichen.**

Im Detail bedeutet das: Projekte sind immer einmalig, haben ein bestimmtes Ende und werden durchgeführt, um ein klar definiertes Ziel zu erreichen. Projekte laufen immer außerhalb der Linienorganisation und werden von interdisziplinären Teams durchgeführt. Das Ziel ist immer SMART definiert, was bedeutet, dass es spezifisch, messbar, attraktiv, realistisch und terminiert ist. Zusätzlich gibt es einen klaren finanziellen Rahmen. Das Budget wird explizit für dieses Projekt zur Verfügung gestellt. Das zu erreichende Ziel ist immer von anderen Zielen abgrenzbar. Das Projekt steht für sich allein und ist überschneidungsfrei von anderen Vorhaben durchführbar.

Um all diese Kriterien erfüllen zu können, wird meistens eine eigene temporäre Organisationsstruktur neben der Linienstruktur aufgebaut, die zum Projektende wieder aufgelöst wird. In diesem Vorgehen stecken viele intelligente Ansätze, die gleichzeitig viele Fragen aufwerfen: Warum sollten das Tagesgeschäft von der Linie und Innovationen von Projekten erledigt werden? Warum nicht beides miteinander verknüpfen und eine agile Organisation aufbauen?

Eines der größten Transformationsprojekte, an denen ich selbst mitarbeiten durfte, wählte den Projektansatz und förderte darin agile Arbeitsweisen. Das Projekt kann zweifelsfrei als gescheitert angesehen werden, obwohl es noch heute weitergeführt wird und es viele positive Veränderungen gab. Es ist gescheitert, weil die Kosten sich mittlerweile verdoppelt haben, die Projektdauer sich um mehrere Jahre verlängert hat und das Ziel nicht mehr erreicht werden kann.

Richtig gehört: Das Ziel kann in diesem Projekt nicht erreicht werden. Warum? Es wurde eine Projektorganisation nach den Regeln eines endlichen Spiels aufgebaut. Das Projekt sollte allerdings nach Abschluss an die Linienorganisation, die sich in einem unendlichen Spiel befindet, übergeben werden. Konkret gab es ein bestehendes IT-System, das durch ein neues IT-System abgelöst werden sollte. Einen technologischen Neubau mit ähnlicher Funktionalität.

Die einfachste Beschreibung der Veränderung ist folgende: Stell dir ein Schiff vor, das mit einer Dampfmaschine betrieben wird. Es gibt Menschen, die genau wissen, wie dieser Antrieb funktioniert und wie er bedient werden muss. Eine eingespielte Mannschaft kümmert sich darum, und das Schiff kann ohne Probleme fahren. Es ist zwar nicht so schnell und wendig wie moderne Schiffe und mittlerweile auch ziemlich teuer, aber es fährt. Doch es wird Zeit, das Schiff zu modernisieren. Denn in unregelmäßigen, aber kurzen Zyklen entstehen kleine Feuer auf dem Schiff, und es ist nur noch eine Frage der Zeit, bis die Kunden nicht mehr mit dem Schiff fahren wollen. Außerdem sind die Kajüten mittlerweile alt und schmutzig.

Das neue Schiff hat Elektromotoren und einen Autopiloten. Die Steuerung benötigt nicht mehr so viele Menschen, dafür aber neue Fähigkeiten. Das Schiff wird nach modernsten Konzepten gebaut und ist extrem schnell, wendig und gleichzeitig stabil. Durch die Elektromotoren ist es außerdem sehr wirtschaftlich, und die Kunden werden das moderne Design begrüßen. Für den Betrieb des Schiffes ist allerdings eine kleinere Mannschaft nötig, denn viele einfache Arbeiten fallen weg. Wo die Flure auf dem alten Schiff noch von Menschen gereinigt wurden, fahren jetzt Putzroboter. Voll automatisiert und wesentlich effizienter, als ein Mensch das wäre.

Zugleich ist die Mannschaft des bisherigen Schiffs nicht mehr in der Lage, das neue Schiff zu bedienen. Die Systeme haben sich grundlegend verändert, und wo sich bisher eine Dampfmaschine befand, ist jetzt ein Elektromotor. Diese Mannschaft hat allerdings jahrelang einen tollen Job auf dem bisherigen Schiff gemacht, und wir brauchen sie auch weiterhin, um dieses zu fahren.

Das Dilemma ist offensichtlich. Team Elektro entwickelt und baut ein neues innovatives Schiff und Team Dampf kümmert sich um das bisherige Schiff. Team Dampf besteht aus festangestellten Mitarbeitern des Unternehmens, und der Plan ist, dass diese das neue Schiff später fahren werden. Allerdings haben sie es nicht mit aufgebaut, verstehen es nicht zwangsläufig und sind von der neuen Technologie erstmal überfordert. Allerdings wissen die Teammitglieder von Team Dampf, dass sie das neue Schiff bald fahren müssen, und während sie noch auf dem alten Schiff arbeiten, sind ihre Gedanken kontinuierlich beim neuen Schiff und der Frage, wann sie dort endlich mitarbeiten dürfen.

Aus Sicht des Unternehmens stellt sich die Sache auf dem Papier ganz einfach dar. Der Sinn des Schiffes ist es, Menschen von A nach B zu transportieren und ihnen währenddessen eine gute Zeit zu bieten. Mit dem neuen Schiff sollen künftig mehr Komfort und ein besseres Erlebnis angeboten werden. Außerdem soll es für die Besatzung einfacher werden, das Schiff zu fahren. Es gibt aktuell 300 Menschen, die auf dem alten Dampfschiff arbeiten, und 250 Menschen, die an dem neuen Elektroschiff arbeiten. Diese 250 neuen Menschen sind Firmen, die das Unternehmen unterstützen, und der Großteil dieser Menschen verlässt das Projekt »Schiffbau« nach Beendigung wieder. Was in diesem Fall vernachlässigt wurde, ist der Faktor Mensch.

**Menschen sind nicht 1:1 austauschbar und nicht mit Ressourcen zu vergleichen.**

Menschen sind nicht 1:1 austauschbar und nicht mit Ressourcen zu vergleichen. Jeder hat eine eigene Persönlichkeit und spezifische Fähigkeiten. Die Mannschaft vom Dampfschiff auf das neue Elektroschiff zu setzen und zu erwarten, dass jetzt alles reibungslos funktioniert, ist illusorisch.

Genau das versuchte man aber in meinem damaligen Projekt. Eine Geschichte werde ich nie vergessen: An einem winterlichen Morgen in Frankfurt saßen wir mit 30 Personen in einem viel zu kleinen Meeting-Raum. Da es nicht genug Stühle gab, saß ich auf einem Tisch. Wir diskutierten wild über die Inbetriebnahme einer Softwareschnittstelle. Sobald diese im Betrieb wäre, könnte sie von unserem Kunden genutzt werden, und wir mussten sicherstellen, dass sie immer verfügbar wäre. Wir befanden uns gerade mitten in der Entwicklung und wollten wissen, worauf wir unbedingt achten mussten, wenn wir in den Betrieb übergingen. Ziel des Termins war eine Liste der zehn wichtigsten Punkte.

Mein Team sollte für den Betrieb zuständig sein. Um in der Metapher mit den Schiffen zu bleiben: Wir hatten das neue Elektroschiff gebaut und durften jetzt selbst damit fahren. Gleichzeitig waren aber auch unsere Kollegen vor Ort, die das Dampfschiff betreuten. Wir wollten von ihnen lernen und Tipps bekommen. Ich fragte nach den zehn wichtigsten Punkten, und als Antwort kamen 300 Punkte. Die meisten davon waren auf den ersten Blick für uns nicht relevant. Ich schaute in die Runde und sagte: Wir brauchen nur die zehn wichtigsten Punkte. Ich hatte das Gefühl, gegen eine Wand zu reden. Meine Kollegen vom Team Dampf beharrten weiterhin auf ihren 300 wichtigsten Punkten.

Sie brachten ihre ganze Erfahrung aus ihrer aktuellen Arbeitswelt zu uns und versuchten, uns mit ihrer Erfahrung zu helfen. Aber wir sprachen zwei grundverschiedene Sprachen. Wir sprachen über den Betrieb des neuen Elektroschiffes und sie über den des Dampfschiffes. An jenem Tag kam es zu keiner Übereinkunft.

Wenn ein Unternehmen in einem Projekt eine parallele Organisation aufbaut, um ein Produkt zu entwickeln, und dieses Produkt nach Projektende von einer Linienorganisation übernommen werden soll, wird es zwangsläufig Reibungsverluste geben.

**Ein endliches Spiel (Projekte) spielen zu wollen, obwohl es sich eigentlich um ein unendliches Spiel handelt, ist gefährlich und wird langfristig nicht zum Erfolg führen.**

Ein endliches Spiel (Projekte) spielen zu wollen, obwohl es sich eigentlich um ein unendliches Spiel handelt, ist gefährlich und wird langfristig nicht zum Erfolg führen. Wir dürfen niemals den Menschen vergessen. Nur weil auf dem Papier 200 Menschen an dem Dampfschiff arbeiten und 200 Menschen an dem Elektroschiff, heißt das nicht, dass es egal ist, *welche* Menschen das sind.

## Der Weg zum Standing Team

Stell dir vor, du arbeitest im Unternehmen Mobicar und hast den Projektauftrag, ein Auto zu entwickeln und herzustellen. Als Erstes vergebt ihr natürlich einen Namen, und als Team entscheidet ihr, dass euer neues Auto Protonus 2000 heißen soll. Wir schreiben das Jahr 2019, und euer Ziel ist es, dass der Protonus 2000 ab 2023 erhältlich ist und jährlich 80 000 Stück gebaut werden.

In einem typischen Projekt wäre der Endpunkt erreicht, wenn das erste serienreife Auto erfolgreich produziert wurde und der erste Kunde den Schlüssel zu seinem neuen Auto erhält. Die Weiterentwicklung des Wagens, der Verkauf, die Optimierung der Produktion und viele weitere Aufgaben würde eine Linienorganisation übernehmen. Dein Projekt ist abgeschlossen und du beginnst mit einem neuen. In diesem Moment hast du ein endliches Spiel gewonnen.

Drei Wochen nach der Auslieferung häufen sich die Kundenbeschwerden: »Die innovativen Flügeltüren, die ihr eingebaut habt, sehen zwar gut aus und sind funktional, allerdings regnet es durch einen Spalt in das Auto, wenn dieses geparkt mit offenen Flügeltüren im Regen steht.«

Dein Unternehmen muss handeln, und es wird eine Sondereinheit gegründet, die dieses Problem lösen soll. Du verlierst zwei deiner besten

Mitarbeiter, weil diese in die Sondereinheit berufen werden. Dabei hast du gerade mit dem nächsten Projekt und der Entwicklung des Protonus 3000 begonnen. Du hast eine enge Deadline und keine Zeit dafür, dass deine Mitarbeiter für die Linienorganisation ein Problem lösen.

In der realen Unternehmenswelt gibt es diesen Kampf um die besten Ressourcen zwischen Projekten und Linienorganisation permanent, und der große Verlierer ist immer das Unternehmen.

Es gibt zwei gute Ansätze, um dieses Problem zu lösen. Der erste ist technologisch und bedeutet: Innovation. Warum wurde das Auto so gebaut, wie es immer gebaut wird? Wäre es nicht möglich gewesen, alle relevanten mechanischen Teile elektronisch steuerbar zu machen?

Stell dir vor, du gehst an deinen Computer, veränderst die Software der Tür, und diese öffnet sich beim nächsten Mal zwei Zentimeter weniger. Dadurch regnet es bei geöffneter Flügeltür nicht mehr in den Wagen, und das Problem ist gelöst. Wie bereits erwähnt, hat Tesla genau das gemacht.

Durch die technologischen Fortschritte lassen sich heute Lösungen für Probleme finden, die kreativ und effektiv zugleich sind. Doch dafür braucht es den Raum und die Zeit, um zu experimentieren und dazuzulernen. In agilen Organisationen schaffen Führungskräfte genau diesen Raum.

Der zweite Ansatz ist das Schaffen einer Organisation für ein Produkt. Statt eines Projektes, das abgeschlossen wird und die Ergebnisse danach einer Linienorganisation übergibt, gibt es nur noch eine Linienorganisation.

Diese ist um die Produkte herum gebaut und beinhaltet alles, was für das Produkt notwendig ist. Das Team, das den Protonus 2000 gebaut hat, ist von der Produktion über den Verkauf bis zum Kundensupport für alles verantwortlich. Anstatt das Produkt Protonus 2000 in einem endlichen

Spiel zu bauen und danach in ein unendliches Spiel überzugehen, spielen wir sofort das unendliche Spiel.

Mit den verfügbaren Ressourcen (Zeit und Geld) bleiben wir so lange wie möglich im Spiel. Die Ergebnisse, die während des Spiels produziert werden (Gewinne mit dem Verkauf, zufriedene Kunden), werden regelmäßig mit der Strategie des Unternehmens abgeglichen. Dadurch ist es möglich zu entscheiden, wann das Team das Spiel für sich selbst beendet.

Unser Beispielunternehmen befindet sich im unendlichen Spiel Mobilität und produziert und verkauft Autos. Allerdings könnte jederzeit jemand die Regeln verändern, indem er beispielsweise fliegende Autos entwickelt (wie aktuell die Firma Lilium GmbH in Weslingen, in die auch Frank Thelen investiert hat). Ein solches Produkt würde die Mobilitätsbranche signifikant verändern und alle Mitbewerber dazu auffordern, ihre Strategien zu überprüfen und anzupassen.

**Im Idealfall muss dein Unternehmen nicht reagieren, sondern es bestimmt proaktiv die Regeln.**

Der einzige Weg, auf eine solche Veränderung zu reagieren und weiter im Spiel zu bleiben, besteht darin, dass das Unternehmen in der Lage ist, seinen aktuellen Status zu hinterfragen, die Strategie anzupassen, schnell und effektiv über das gesamte Unternehmen hinweg zu kommunizieren und die Richtung zu verändern. Dabei sollte jede Entscheidung sorgfältig überprüft, aber nicht totdiskutiert werden. Im Idealfall muss dein Unternehmen allerdings nicht reagieren, sondern es bestimmt proaktiv die Regeln.

## Standing Teams erklärt

Ein Unternehmen in eine Produktorganisation zu verwandeln, wie im letzten Kapitel am Beispiel des Autos beschrieben, kann ein guter Weg sein. Wichtig ist dabei, die eigenen Unternehmenswerte und den Menschen immer im Fokus zu behalten.

Das Konzept des Standing Teams bedeutet, dass wir zwei Faktoren verändern. Während Projekte finanziell getrieben und mit dem verfügbaren Projektbudget Ressourcen in Form von Menschen gekauft werden, ist ein festes Team immer und durchgehend finanziert.

Ganz einfach ausgedrückt: Jedes Unternehmen hat ein Budget zur Verfügung, mit dem es wirtschaften muss. Damit ein Projekt durchgeführt werden kann, muss dieses einen Teil des Budgets zugewiesen bekommen, um Ressourcen einkaufen zu können. Per Definition ist bei einem Projekt von Anfang an festgelegt, welches Ergebnis für eine bestimmte Summe Geld erwartet wird. Dennoch erfüllt jedes zweite Projekt nicht die Wünsche und Anforderungen der Auftraggeber. **Jedes fünfte Projekt ist sogar ein Totalausfall.**

Wenn jedes zweite Projekt nicht die Anforderungen und Wünsche erfüllt, bedeutet das, dass einer der folgenden drei Zustände eingetreten ist: Entweder wurde mehr Geld benötigt als ursprünglich veranschlagt, oder die Qualität bzw. Anforderungen wurden für das eingesetzte Geld nicht erreicht, oder das Projekt benötigt mehr Zeit (was häufig gleichbedeutend ist mit mehr Geld). Ein häufiges Diskussionsthema ist daher die interne Budgetallokation. Es gibt wöchentliche Budgetdiskussionen, die viel Zeit brauchen und wenig Mehrwert generieren. Diskussionen über interne Budgets bringen keinem Kunden einen Mehrwert. Es sind rein interne Kosten.

**Ein festes Team wird immer für mindestens ein Jahr finanziert.**

Ein festes Team wird immer für mindestens ein Jahr finanziert. Wenn du beispielsweise eine App entwickeln möchtest und dafür das

Framework Scrum verwendest, dann brauchst du zehn Personen. Bei einem durchschnittlichen Jahresgehalt inklusive Sozialabgaben und Infrastrukturkosten verursacht das Team ca. 1 000 000 Euro Kosten pro Jahr. Damit ist die Budgetdiskussion abgeschlossen. Die Zeit ist ebenfalls fix, da das Team nun für ein Jahr finanziert ist. Der einzig variable Teil sind die Ergebnisse, die das Team produziert.

Meiner Erfahrung nach gibt es hier bestimmte festgefahrene Denkmuster. Manager sind eher bereit, 2 000 000 Euro für ein Projekt auszugeben, bei dem das Ergebnis irgendwann einmal definiert wurde, anstatt 1 000 000 Euro für ein festes Team, bei dem das Ergebnis noch nicht klar ist. Das ist häufig nicht sinnvoll, da das Ergebnis meistens sowieso anders aussieht als geplant, denn wer kann heute mit Sicherheit behaupten, er wisse, was ein Kunde in einem Jahr kaufen möchte? Projekte sehen auf dem Papier meistens sicherer aus, da der Plan klar nachvollziehbar ist. In der Realität verändert sich dieser Plan allerdings kontinuierlich.

Wenn das Team für ein ganzes Jahr finanziert und das Ziel definiert ist, kann die Arbeit beginnen. Da das Warum und die Vision des Unternehmens klar sind und es eine daraus abgeleitete Strategie gibt, kann das Team anfangen, Ergebnisse zu produzieren, die dem Unternehmen einen Mehrwert generieren. Hierbei ist natürlich immer die Wirtschaftlichkeit zu betrachten, und wir können unterscheiden in Teams, die einen Gewinn erwirtschaften sollen, und Teams, die Forschung und Entwicklung betreiben.

Es wird im gesamten Jahr keine einzige Budgetdiskussion mehr geben, sondern stattdessen eine regelmäßige Überprüfung der produzierten Ergebnisse und der Richtung, in die das Team steuert.

Sobald ein Standing Team angefangen hat, miteinander zu arbeiten, gibt es eine grundlegende Veränderung. Da das Budget und die Zeit fix sind, geht es darum, den richtigen Inhalt zu finden, an dem gearbeitet wird. Ab jetzt zählen nur noch die Ergebnisse.

Es gibt eine Vision, an der gearbeitet wird, aber der genaue Weg ist unklar, und das Team darf selbst herausfinden und lernen, wie es am besten zu seinem Ziel kommt.

Dafür muss es die Fähigkeit entwickeln, Aufgaben eigenständig zu kreieren und zu erledigen. Während in klassischen Projekten oft klar war, welches Ergebnis genau geliefert werden sollte, und daraus auch alle Aufgaben ableitbar waren, hat das Team hier nun mehr Gestaltungsfreiraum, was aber gleichzeitig zu einer höheren Verantwortung führt.

Am Anfang meiner Karriere sagte meine damalige Projektleiterin zu mir: »Wenn du nichts zu tun hast, dann such dir etwas zu arbeiten.« Das hatte ich damals noch nicht richtig begriffen, da ich manchmal tagelang im Büro saß, ohne eine wirkliche Aufgabe zu haben, und auch nicht wusste, welche Aufgabe ich mir »suchen« sollte.

Erst viel später verstand ich, dass mir die Vision meiner Abteilung und der Beitrag zum Unternehmenserfolg nicht klar waren und dass ich genau danach hätte fragen müssen.

Nach Jahren der agilen Arbeit und dem Produzieren von Ergebnissen in kurzen Zyklen hat sich genau das verändert. Heute finde ich Aufgaben wie von alleine. Es gibt immer etwas zu optimieren, ein Gespräch zu führen und Dinge zu erledigen, die den Menschen und damit der Organisation helfen, etwas zu verbessern. Sobald die Vision und die Strategie klar sind, können Teams eigenständig an der Umsetzung arbeiten. Die Zeit der Projekte ist vorbei. Hochleistung entsteht, wenn Menschen ihr Potenzial ausschöpfen. Das tun sie, wenn sie die Freiheit haben, eigene Lösungen zu entwickeln, und wenn sie sich auf das fokussieren können, was wirklich zählt: Ergebnisse.

## Zusammenfassung Teil 1

Die Frage zu stellen, ob wir uns und damit auch Unternehmen sich verändern müssen, ist im Jahr 2019 nicht mehr relevant. Durch die Digitalisierung befinden wir uns in der größten Veränderung seit der Einführung des Internets. Die spannendere Frage lautet nicht, *ob*, sondern *wie*: Wie baue ich ein Unternehmen / eine Organisation so auf, dass Menschen Höchstleistungen erzielen können, dabei Spaß haben und die Flexibilität / Agilität besitzen, Innovationen zu gestalten?

Dabei werden agile Methoden häufig als Wundermittel und Antwort auf die Herausforderungen der heutigen Zeit angepriesen. Viel wichtiger ist aus meiner Sicht aber der Mensch. Agile Methoden sind nicht in der Lage, die Managementfehler und kulturellen Missstände der letzten Jahre einfach so von sich aus zu verändern. Zuerst muss ein Unternehmen ein menschenfreundlicher Ort werden, und danach können sich die Menschen entfalten. Dabei ist die Frage, ob wir die vorhandene Leistung auf die Straße bringen, und nicht, ob wir agiler und flexibler werden.

Ein stark unterschätzter Aspekt dabei ist die Vision und das Warum des Unternehmens. Genauso wie der Sinn eines Autos nicht ist, Benzin zu tanken, ist der Sinn des Unternehmens nicht, Geld zu verdienen. Der Sinn eines Autos ist, Menschen von A nach B zu befördern. Der Sinn eines Unternehmens ist, unseren Kunden von Punkt A (einem Problem) zu Punkt B (der Problemlösung) zu bringen. Warum tut dein Unternehmen, was es tut, und warum tust du, was du tust?

Die aktuelle Studie des Gallup-Instituts zeigt, dass nur einer von sieben Mitarbeitern eine hohe emotionale Bindung zu seinem Unternehmen hat. Die anderen sechs machen einfach ihren Job oder haben sogar schon innerlich gekündigt. Die Gründe dafür reichen von der Persönlichkeit des Mitarbeiters über die Tatsache, dass er vielleicht mit Kollegen zusammenarbeitet, mit denen er nicht gut klarkommt, bis hin zu falschen Aufgabengebieten, bei denen er seine Stärken nicht nutzen kann oder die ihm einfach keinen Spaß machen. Solange der Mensch nicht als wertvollster Teil eines Unternehmens gesehen wird, kann meiner Erfahrung nach keine Agilität entstehen.

**Es sind oft die ganz einfachen Dinge, die den Unterschied machen.**

Es sind oft die ganz einfachen Dinge, die den Unterschied machen. In agilen Organisationen existiert ein starker Wille zur Kooperation. Es werden mutige Entscheidungen getroffen, und man lernt aus Fehlern. Ergebnisse werden in kurzen Zyklen erarbeitet, und es wird kontinuierlich überprüft, was man daraus lernen und was man verbessern kann. Der Wissensaustausch innerhalb der Organisation wird gefördert, und Mitarbeiter dürfen und sollen Verantwortung übernehmen. Die gesamte Organisation hat das gleiche Wertesystem und lebt diese Werte jeden Tag. Dadurch entsteht Verbundenheit zwischen den Menschen. Nur so kann Höchstleistung entstehen.

Die größte Veränderung in meiner inneren Einstellung zu Unternehmen und meiner Arbeitsweise entstand, als ich das Prinzip des unendlichen Spiels verstand. Wir können im Business nicht gewinnen – unser Ziel muss es immer sein, mit den verfügbaren Ressourcen möglichst lange im Spiel zu bleiben. Damit das funktioniert, ist ein völlig neuer Ansatz bei der Unternehmensstrukturierung notwendig. Kleine Teams, die in der Lage sind, ihr Produkt von A bis Z zu entwickeln und zu betreuen. Die Zeit, in der es eine Linienorganisation gibt, die verschiedenen Projekten Ressourcen zur Verfügung stellt, ist vorbei. Wir brauchen eigenständige Teams, die gemeinsam die Grenzen ihrer Leistungsfähigkeit immer wieder erweitern und über sich hinauswachsen können.

Teil 2

# AGILE PRINZIPIEN IN ORGANISATIONEN

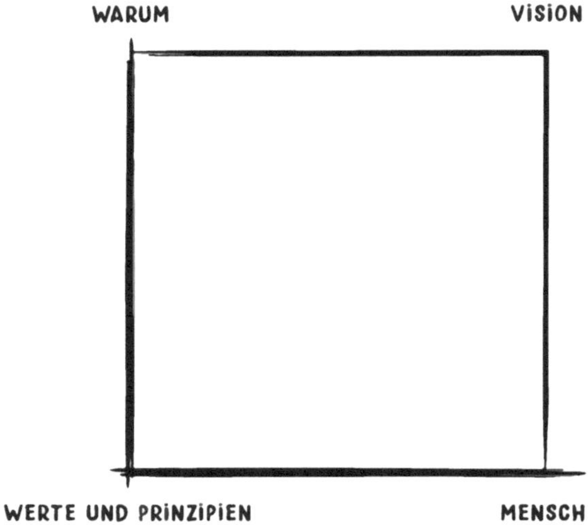
WARUM
VISION
WERTE UND PRINZIPIEN
MENSCH

## Der Rahmen ist stärker als der Inhalt

Ich habe in diesem Buch häufiger das Wort »Rahmen« verwendet. Jedes Unternehmen, jede Organisation hat einen Rahmen. Er besteht aus vier Ecken. Die erste Ecke ist das Warum des Unternehmens. Dieses ist die Energie, die das Unternehmen bewegt. Die zweite Ecke ist die Vision des Unternehmens. Diese ist der Nordstern, an dem sich die Handlungen des Unternehmens ausrichten. Die dritte Ecke sind die Werte und Prinzipien, auf deren Basis jede Entscheidung und Handlung innerhalb des Unternehmens getroffen wird. Die letzte und vielleicht wichtigste Ecke ist aus meiner Sicht der Mensch, unser Miteinander und die eigene Verpflichtung (im Business auch oft Commitment).

Wenn in einem Unternehmen Höchstleistung entstehen soll, dann muss der Rahmen genau diese Höchstleistung auch ermöglichen. Jeder Mitarbeiter des Unternehmens soll darin sein volles Potenzial ausschöpfen können. Jede Aktion eines jeden Menschen in einem Unternehmen bestimmt den Rahmen, und der Rahmen wiederum bestimmt die Aktionen der Menschen. Der Rahmen gibt Orientierung für die tägliche Arbeit und die Freiheit, jeden Tag das Beste zu erschaffen und mit Spaß Höchstleistungen zu bringen.

**Jede Aktion eines jeden Menschen in einem Unternehmen bestimmt den Rahmen, und der Rahmen wiederum bestimmt die Aktionen der Menschen.**

Dieses Kapitel ist das wichtigste des ganzen Buches, denn der Rahmen entscheidet über Sieg oder Niederlage. Wahrscheinlich fragst du dich jetzt: Wie baue ich einen Rahmen auf, in dem Menschen ihr Potenzial ausschöpfen und Freude haben?

Der erste Schritt ist, zu verstehen, dass du eine gewisse Verantwortung für den Rahmen trägst. Den größten Einfluss haben allerdings typischerweise die Führungskräfte. Deren Aufgabe ist in agilen Organisationen deutlich mehr menschen- und weniger managementorientiert. Während Management häufig bedeutet, dass Prozesse überwacht und Probleme gelöst werden, ist die Aufgabe einer modernen Führungskraft, Menschen zu inspirieren und deren Potenziale freizulegen.

Der Rahmen enthält beispielsweise eine Reisekostenrichtlinie. Diese ist in Konzernen oft seitenlang, und eine solche Reisekostenrichtlinie führte dazu, dass ich meine erste Festanstellung nach dem Studium wieder kündigte. Ich hatte eine Schulung von Mittwoch bis Freitag in der Nähe von München und damit den Jackpot gezogen – so glaubte ich. Denn mein Plan war, in München zu bleiben und dort das lange Wochenende zu genießen. In der BMW Welt wollte ich mir einen BMW M6 für das Wochenende mieten. Dazu muss ich kurz erwähnen, dass ich Autos liebe und dies ein Traum war, den ich mir schon lange hatte erfüllen wollen.

Ich schlug meinem Vorgesetzten vor, dass ich privat nach München fahre, die Hinfahrt als Reisekosten geltend mache und die Reise dann in München enden lasse. Diese Variante war zum einen für meine Firma günstiger, denn ich hätte weder einen Mietwagen noch ein Zugticket gebraucht und auch die Rückfahrt nicht abgerechnet. Zum anderen hätte ich ein tolles Wochenende genießen können und wäre am Montag froh und gestärkt wieder ins Büro gekommen. Eine Win-win-Situation für alle Seiten.

Aber aus irgendeinem Grund sagte mein Chef: »Du darfst die Reise nicht in München beenden, du musst wieder zurückkommen.« Ich wusste, dass das nicht stimmt, denn ich hatte auf anderen Reisen schon genau das Gleiche getan. Er zog die Reisekostenrichtlinie zurate, und tatsächlich stand dort: »Die Reise muss an der ersten Tätigkeitsstätte enden.« Im nächsten Abschnitt stand jedoch, dass mein Vorgesetzter mir eine Ausnahmegenehmigung erteilen durfte.

Ich bat ihn um eine solche Genehmigung, und er lehnte ab. Davon abgesehen, dass diese Diskussion eine ganze Weile dauerte und ich mich wirklich aufregte, weil das traumhafte Wochenende mit meinem Lieblingsauto, auf das ich mich so gefreut hatte, geplatzt war, stellte ich mir die Frage: Was bringt eine Führungskraft dazu, ihrem Mitarbeiter eine so triviale Sache zu verweigern? Für mich war es damals der Tropfen, der das Fass zum Überlaufen brachte, und kurze Zeit später wechselte ich den Job.

Ein paar Monate später las ich die Reisekostenrichtlinie von Spotify. Sie lautete: »Handle im Sinne des Unternehmens.« Ein einziger Satz!

**»Handle im Sinne des Unternehmens.«**

Solche kleinen Prozesse sind das perfekte Beispiel für einen Rahmen, der verändert werden sollte. Es sollte klar geregelt sein, bis wohin die Mitarbeiter frei entscheiden dürfen und wo es die Entscheidung des Vorgesetzten braucht. Nicht nur in Bezug auf Geld, sondern auf jedes entscheidungsrelevante Thema. Je klarer der Rahmen beschrieben ist, desto eigenständiger können sich die Mitarbeiter entfalten und Höchstleistungen erreichen.

Hierbei sollte der Rahmen so eng gefasst sein, dass die Mitarbeiter noch auf Ergebnisse fokussiert sind, und so weit, dass sie möglichst viel Freiraum haben. Wenn du beispielsweise Scrum als Methode verwendest, gibt Scrum viele Grenzen deines Rahmens vor. Beispielsweise, wie und wann welche Meetings durchgeführt werden oder welche Namen bestimmte Elemente haben.

Oftmals sind es die trivialen Themen, die für Unmut sorgen. Beispielsweise das Fehlen von Büromaterial. Nehmen wir an, du benötigst morgen Klebezettel und Stifte, und da es der schnellste Weg ist, sie zu bekommen, kaufst du sie privat im Internet und verlangst dann per Barauslage von deiner Firma das Geld zurück. Wie würde deine Führungskraft reagieren?

Mir ist wichtig, dass du verstehst, dass es immer einen Rahmen gibt. Der entscheidende Punkt ist, ob wir unser Umfeld, unsere Prozesse, unsere eigene Entfaltung bewusst wahrnehmen und steuern oder einfach *passieren* lassen. Sobald dir der Rahmen bewusst ist, wirst du immer wieder Momente haben, in denen du Grenzen erkennst. Dies kann die abgelehnte Reise sein oder auch der Moment, an dem du nicht bereit bist, Verantwortung für eine Entscheidung zu übernehmen. Dabei gilt in erster Linie immer dein persönlicher Rahmen. Dieser beschreibt deine Denkmuster und deine Einstellung. Wenn du in einem Meeting bist und gerne etwas sagen möchtest, dich aber nicht traust, weil du denkst, dass deine Meinung gerade nicht relevant ist oder nicht wertgeschätzt wird, hast du eine Grenze deines Rahmens entdeckt. Natürlich wirst du maßgeblich von deinem Unternehmen und der dort herrschenden Kultur geprägt. Diese ist ein elementarer Teil des Rahmens.

Sie beschreibt für uns die gelebten Werte – was uns wichtig ist, in welche Richtung wir uns bewegen und was richtig und was falsch ist. Die Unternehmenskultur ist die Leitlinie für unsere Wahrnehmung und unser Verhalten.

Der Duden liefert uns folgende Definition für das Wort Kultur:

> »Gesamtheit der von einer bestimmten Gemeinschaft auf einem bestimmten Gebiet während einer bestimmten Epoche geschaffenen, charakteristischen geistigen, künstlerischen, gestaltenden Leistungen.«

Häufig beruhen Konflikte zwischen Menschen auf unterschiedlichen Wertvorstellungen. Wenn es in einem Unternehmen mehrere Wertvorstellungen gibt und diese immer wieder zu Konflikten führen, wird das Potenzial der Menschen kontinuierlich eingeschränkt. Konflikte sind dabei durchaus erwünscht und notwendig, denn durch Reibung entstehen oft gute Ideen. Wenn Menschen allerdings aufhören, miteinander zu reden, oder anfangen, sich gegenseitig zu sabotieren, kann das nicht gut sein.

Die Unternehmenskultur ist ein Spiegel der aktuellen Führung, der Kommunikation, der Transparenz, des Vertrauens und des Warum des Unternehmens. Sie wird von den Führungskräften vorgelebt und ist maßgeblich für den Erfolg des Unternehmens verantwortlich.

**Die Unternehmenskultur ist ein Spiegel der aktuellen Führung.**

## Gegenseitiges Vertrauen

Stell dir folgendes Szenario vor: Du erhältst von deinem Teamleiter die Aufgabe, ein Teamevent zu planen. Du stimmst die Agenda und den Eventort gemeinsam mit ihm ab, und er fordert dich explizit auf, diese Vorschläge umzusetzen. Auf dem Teammeeting selbst stellt er sich zur Begrüßung vor das Team und sagt: »Hallo zusammen, leider haben wir diese ungeeignete Lokalität, die Herr XY organisiert hat. Aber wir müssen damit jetzt klarkommen und das Beste draus machen.«

Wie gehst du mit dieser Situation um? Kannst du diesem Menschen noch vertrauen? Würdest du ihm noch einmal einen Gefallen tun? Vertrauen ist in Unternehmen extrem wichtig, und wenn es einmal gebrochen wurde, ist es extrem schwer, es wiederaufzubauen.

Eine Kultur des Vertrauens bedeutet, dass wir uns auf unsere Teammitglieder verlassen können und sich unsere Führungskraft schützend vor uns stellt. Lass uns kurz in die Steinzeit zurückspringen: Wenn ein Löwe eine Gruppe angriff, erwartete man, dass sich der Anführer vor die anderen stellte und den Kampf aufnahm. Deswegen ist er der Anführer, deswegen genießt er seine Privilegien. Wir erwarten von unseren Führungskräften, dass sie uns schützen. Wir schenken ihnen Vertrauen und erwarten im Gegenzug ebenfalls Vertrauen.

Im Frühling 2018 hörte ich zum ersten Mal die Geschichte des Navy SEAL Jocko Willink, und sie veränderte auf einen Schlag meine Sicht auf das Thema Vertrauen und Führung. Von den Navy SEALs, einer

Spezialeinheit der US-Marine, können wir lernen, wie Agilität wirklich funktioniert. Sie haben immer ein klares Ziel und eine feste Struktur, doch wenn etwas Unerwartetes passiert, sind sie in der Lage, innerhalb von Sekunden ihre gesamte Strategie zu verändern.

Führung, die auf Vertrauen basiert, hat eine starke Auswirkung auf die gesamte Unternehmung.

Die folgenden Geschichten über Jocko Willink stellen keine Wertung der Kriegsaktivitäten der USA im Irak dar. Es geht lediglich und ausschließlich um die Verdeutlichung des Führungsstils von Jocko Willink.

Jocko Willink war Kommandant der am höchsten dekorierten Einheit des Irak-Krieges, SEAL Team 3 Task Unit Bruiser. In seinem inspirierenden TED Talk erzählt er eine Geschichte, die ein außergewöhnliches Verständnis von Führung beinhaltet.

Bei einem normalen, gut geplanten Einsatz kam seine Einheit unter Beschuss. Es waren zwei befreundete irakische Soldaten in seinem Team. Während des Beschusses wurde einer der irakischen Soldaten getötet und ein Navy SEAL verletzt. Das Kampffeld war unübersichtlich geworden, und Willink begab sich mit seinem Team auf die Suche nach dem Feind. Es gab widersprüchliche Funksprüche, und die Mission hatte ihre Transparenz verloren. Es war nicht mehr klar, welches Team auf welcher Position war und wo sich der Feind befand.

In einem Gebäude traf Willinks Team auf ein befreundetes SEAL-Team, und in diesem Moment wurde die Situation klar. Es gab keinen Feind. Die Teams hatten sich gegenseitig als Feind identifiziert, und es war »friendly fire« mit tödlichem Ausgang – die denkbar schlimmste Situation. Nachdem alle zur Basis zurückgekehrt waren, wurde ein Meeting mit den ranghöchsten Offizieren und allen Beteiligten einberufen, das die genaue Ursache und die Fehler aufdecken sollte.

Willink bekam als Kommandant den Auftrag, die Situation genau aufzuarbeiten und jeden Fehler zu dokumentieren, der an jenem Tag gemacht wurde. Das tat er, und ihm waren eine Menge Fehler aufgefallen. Doch er konnte nicht feststellen, wer nun letztlich schuld war. Er konnte keinen Namen benennen. Er dachte lange darüber nach, und kurz vor seinem Debrief mit der gesamten Mannschaft war ihm klar, wer der Schuldige war.

In der Besprechung stellte er sich vor die Mannschaft und fragte: »Wer ist schuld?«
Ein erster Navy SEAL meldete sich und sagte: »Ich bin schuld, ich habe geschossen.«
Willink erwiderte: »Du bist nicht schuld!«
Der zweite SEAL sagte: »Ich bin schuld, ich war für die Kommunikation verantwortlich.«
Willink wieder: »Du bist nicht schuld!«
Der dritte SEAL: »Ich bin schuld, ich sollte die Truppenbewegungen im Auge behalten.«
Willink daraufhin: »Du bist nicht schuld!«

Am Ende sagte Willink: »Ich bin schuld. Ich bin der Kommandant, und ich habe die Verantwortung dafür, dass wir unbeschadet unsere Missionsziele erreichen. Wir haben gemeinsam viele Fehler gemacht, aber es ist meine Verantwortung und damit auch meine Schuld. Ich möchte euch dafür um Entschuldigung bitten, und ich verspreche euch, dass wir daraus lernen werden und so etwas nie wieder passiert.«

Nimm dir eine Minute Zeit, um über diese Geschichte nachzudenken, und lies sie noch einmal durch. Was glaubst du, was als Nächstes passierte? Da ist der Kommandant der am meisten respektierten Einsatztruppe des Irak-Krieges, und er nimmt die Schuld für ein »friendly fire« mit einem Toten auf sich.

Die gesamte Mannschaft respektierte ihn mehr als jemals zuvor. Die Führungsoffiziere hatten und haben den höchsten Respekt vor ihm, und jeder aus seinem Umfeld weiß, dass er sich auf Willink und Willink sich auf ihn verlassen kann. Diese Form der ehrlichen Wahrnehmung seiner Rolle als Führungskraft ist ein Stil, der absoluten Respekt verdient.

**Menschen, die ihre Führungskraft respektieren und als solche anerkennen, erwarten, dass die Führungskraft die Verantwortung für die Gruppe übernimmt.**

Was können wir daraus lernen? Menschen, die ihre Führungskraft respektieren und als solche anerkennen, erwarten, dass die Führungskraft die Verantwortung für die Gruppe übernimmt, sich bei Gefahr von außen schützend vor die Gruppe stellt und niemals jemand anderen für ihr eigenes Wohl opfert.

In einer zweiten Geschichte erzählte Willink von einem Befehl seitens seines Offiziers, die irakischen Soldaten an Einsätzen der SEALs teilnehmen zu lassen. Dieser Befehl sorgte für viel Unmut, denn die irakischen Soldaten waren wesentlich schlechter trainiert und ausgerüstet. Unter den SEALs besteht eine absolute Verbundenheit mit blindem Vertrauen. Die irakischen Soldaten bedeuteten einen Bruch dieser Verbundenheit und erhöhten unmittelbar das Risiko.

Dennoch hatte Willink diesen Befehl und musste sich überlegen, wie er ihn umsetzen sollte. Er sammelte seine Mannschaft und fragte: »Was ist das Ziel des Einsatzes?« Die Antworten waren sehr ähnlich. Es geht um den Frieden, es geht um die Sicherheit. Willink fragte sein Team: »Wenn wir jeden Kampf kämpfen und jede Mission allein durchführen, sind die Iraker dann in der Lage, irgendwann für ihre eigene Sicherheit zu sorgen? Die Antwort ist natürlich: nein. Deshalb müssen wir sie involvieren und ihnen beibringen, wie sie auf sich selbst aufpassen können, wenn wir nicht mehr da sind.«

Diese Geschichte verdeutlicht einen weiteren spannenden Aspekt an Willinks Art der Führung. Er sucht die Vorteile und das Positive an der Situation. Dabei orientiert er sich an der Vision und der Strategie. Das Risiko ist zwar kurzzeitig höher, dafür erreichen sie aber ihr Ziel. Übertragen könnte das bedeuten, dass die Produktivität zwar am Anfang sinkt, wir dafür am Ende aber Teams haben, die in der Lage sind, extrem schnell hochwertige Produkte an unsere Kunden zu liefern.

Menschen lieben Wertschätzung und wenn du deinem Kollegen vertraust, wird er sein Potenzial entfalten. Natürlich gibt es hier auch immer Negativbeispiele. Dennoch bin ich der Überzeugung, dass es Gründe dafür gibt, falls jemand dein Vertrauen enttäuscht. An diesen Gründen können und müssen wir gemeinsam arbeiten, um unseren Rahmen zu stärken und die Kultur zu etablieren, in der wir gerne arbeiten wollen.

## Sich selbst vertrauen

Damit wir anderen vertrauen können, brauchen wir erst einmal Selbstvertrauen. Dafür müssen wir uns bewusst sein, dass unsere Fähigkeiten gut und wir als Mensch wertvoll sind.

**Damit wir anderen vertrauen können, brauchen wir erst einmal Selbstvertrauen.**

Die ersten Herausforderungen unseres Lebens erleben wir in der Schule. Wir bekommen neues Wissen und Aufgaben, für die wir eine Lösung finden sollen. Für die Leistung, die wir dabei bringen, werden wir benotet. Um gute Noten zu bekommen, ist es wichtig, die Lösung aufzuschreiben, die gefordert ist. Das bedeutet, dass wir in einer Matheklausur nicht durch kreatives Denken einen eigenen Weg finden, sondern den Lösungsweg nutzen, der uns beigebracht wurde. Im Berufsleben ändert sich diese Art grundlegend. Die Lösung steht nirgendwo. Es ist unsere Verantwortung, einen Weg zu finden, wie wir mit unseren Herausforderungen umgehen. Die Schule ist ein klassisches endliches Spiel. Die Regeln sind festgesetzt und es ist immer klar, was du tun musst, um in der Schule zu »gewinnen«.

Die Arbeit hingegen ist ein unendliches Spiel – es geht immer darum, mit den verfügbaren Ressourcen möglichst lange im Spiel zu bleiben. Auf das Unternehmen übersetzt bedeutet das, dass die Produkte so gut sein müssen, dass Kunden dafür Geld bezahlen. Solange das Unternehmen eine positive Bilanz hat, kann es weiter im Spiel bleiben. Das bedeutet, dass das Unternehmen Gewinn erwirtschaften muss.

Für Aufgaben und Produkte gibt es daher keine abschließende »Note«. Die Meinung der Kunden kann sich jederzeit ändern, und genauso kann sich die Lösung ändern. Das System ist ein anderes, und wir müssen uns selbst vertrauen, dass wir unser Potenzial nutzen. Es ist leicht, nach einer schlechten Bewertung deines Produktes daran zu zweifeln, dass das Produkt gut ist oder deine Leistung ausreichend war. Wenn du in der letzten Matheklausur eine 5 bekommen hast, wirst du bei der nächsten Klausur wahrscheinlich selbst nicht daran glauben, dass du eine 1 schreibst. Selbstvertrauen ist aber genau das: der Glaube an dich selbst. Wenn du nicht glaubst, dass du es schaffen wirst, wie sollen andere es dann glauben?

Ich habe zwei Jahre lang jeden Monat Squash gespielt. Ein schnelles und intensives Spiel, das wir stets eins gegen eins spielten. Mein Trainingspartner war immer ein bisschen besser als ich, sodass ich selten gewann. Eines war allerdings immer gleich: Sobald ich glaubte, dass ich den Ball nicht bekomme, bekam ich ihn auch nicht. Wenn ich drei- oder viermal vorbeigeschlagen hatte, ärgerte ich mich über mich selbst. Es war eine Negativspirale, die dazu führte, dass ich mein Potenzial nicht mehr nutzte. Andersherum ging es aber auch: Wenn ich glaubte, ich würde gewinnen, war ich mit Fokus und Energie dabei und vertraute darauf, dass ich ein gutes Spiel machen würde.

**Selbstvertrauen beginnt immer in deinem Kopf.**

Selbstvertrauen beginnt immer in deinem Kopf. Wenn du merkst, dass du dir einredest, dass du etwas nicht kannst, dann hinterfrag diesen Gedanken doch einfach mal. Ich bin mir sicher, dass du es schaffst.

## Den Kunden immer im Fokus behalten

Ein elementarer Teil des Rahmens ist die Art und Weise, wie wir mit eigenen Kunden umgehen. Wahrscheinlich hast du schon einmal in einem normalen Ladengeschäft etwas gekauft, das du zurückgeben wolltest. Ich habe oft erlebt, dass die Verkäufer dann nachfragen, warum ich es zurückgeben wolle. Dabei hatte ich immer das Gefühl, dass sie mir nur widerwillig mein Geld erstatten. Hast du schon jemals etwas bei Amazon zurückgegeben? Dort gibt es gar keine Diskussion. Dein Wunsch und deine Zufriedenheit stehen immer im Fokus. Ich lese in den letzten Jahren immer wieder von radikaler Kundenzentrierung. Aber was heißt das genau?

In jedem Team gibt es eine Person, die für das Produkt verantwortlich ist. Das Produkt kann ein digitaler Dienst in Form von Software oder einer App sein, aber genauso gut ein Auto. Diese Person übernimmt die Kommunikation mit dem Auftraggeber oder mit dem Kunden. Bevor und während ein Produkt entwickelt oder erweitert wird, sollte sich das Team immer die folgenden vier Fragen stellen:

1. Weiß der Kunde, dass er das Problem hat, nach dessen Lösung wir suchen?
2. Würde er eine Lösung akzeptieren, falls wir eine finden?
3. Würde er unsere Lösung akzeptieren?
4. Können wir eine Problemlösung entwickeln?

Bei meinen ersten Versuchen, mich selbstständig zu machen, habe ich mir genau diese Fragen nicht gestellt. Da ich seit Jahren eine hohe Affinität zum Thema Finanzen und zum Aktienhandel hatte, entwickelte ich einen Onlinekurs, der Anfängern auf praktische Weise die Grundlagen des Aktienmarktes näherbrachte. Ich hatte viel Zeit in diesen Kurs investiert, angefangen, regelmäßig einen Blog zu schreiben und ein Musterdepot zu pflegen. Ich dachte, dass die Zielgruppe Leute in meinem Alter und jünger seien, die sich mit dem Thema Altersvorsorge auseinandersetzen und Informationen bzw. Optionen hierzu suchen.

Allerdings hatte ich niemals mit einem echten Kunden gesprochen. Ich hätte mit meiner Produktidee auf der Straße zwanzig Menschen ansprechen können, um herauszufinden, ob mein Kurs ein echtes Problem lösen würde. Und genau das hatte ich nicht getan. Ich glaubte zu wissen, was mein Kunde will, aber die Realität zeigte mir, dass das gar nicht der Fall war. Da die Börse auch nicht meine Berufung war, beendete ich dieses Kapitel und widmete mich dem Aufbau von Unternehmen. Alles, was ich heute tue, prüfe ich in der Realität, und ich bitte meine Kunden um Feedback.

Die Kundenzentrierung ist ein wichtiger Aspekt, um erfolgreich zu sein. Denn wenn der Kunde dein Produkt nicht kauft, verdienst du kein Geld und dein Unternehmen wird wieder vom Markt verschwinden. Ich bin aber der festen Überzeugung, dass eine radikale Ausrichtung des Unternehmens auf den Kunden nicht zwangsläufig der beste Weg ist. An erster Stelle kommen immer die Mitarbeiter des Unternehmens. Die Menschen müssen ihre Arbeit mit Leidenschaft und Freude machen, damit Kundenzentrierung überhaupt erst entstehen kann. Glückliche Mitarbeiter werden den Kunden mit mehr Energie und einer positiveren Grundeinstellung begegnen.

## Transparenz

Ein weiterer wichtiger Aspekt in einer agilen Unternehmenskultur ist die Transparenz. Diese hat verschiedene Dimensionen. Als Erstes müssen die Vision, die Mission, die Strategie und die Ziele des Unternehmens jederzeit zugänglich und bekannt sein. Zum Zweiten sollten Erfolge jederzeit transparent und prominent kommuniziert werden. Drittens müssen wir in diesem Kontext alle Vorbilder sein. Wenn du nicht transparent in deiner Arbeit und deinen Gedanken bist, dann kannst du Transparenz auch von niemand anderem verlangen. Es ist unsere eigene Verantwortung, die Veränderung zu begleiten. Es ist unsere Verantwortung, wissbegierig zu sein und nach Verbesserung zu streben. Meine Erfahrung zeigt ganz klar, dass wir uns zwingend Zeiträume zur Verfügung stellen müssen, in denen wir uns nur mit uns selbst, unserem Team und unserer Umwelt beschäftigen dürfen. In dieser Zeit werden wir viel lernen, um uns zu verbessern. Diese Zeiträume sind ein elementarer Teil des Rahmens eines Unternehmens. Durch das Reflektieren schaffen wir Transparenz für das Vergangene und sind in der Lage, daraus Maßnahmen zur Verbesserung abzuleiten.

**Es ist unsere eigene Verantwortung, die Veränderung zu begleiten.**

Die Transparenz zeigt uns, dass unsere Führungskräfte sich ebenfalls beteiligen. Diese haben die Verantwortung, zu jedem Zeitpunkt positiv (wichtig: nicht naiv!) zu sein und ihre Arbeit offenzulegen. Wir wollen, dass jede Position mit der bestmöglichen Person für diese Position besetzt ist. Oft ist es so, dass Führungskräfte ihre Lieblinge auf besonderen Positionen platzieren, um ihre eigene Macht zu sichern oder zu vergrößern. Solche Machtspiele sollten vom Team transparent gemacht und aufgelöst werden. Mach dir an dieser Stelle noch einmal bewusst, dass jeder Mensch seiner inneren Landkarte folgt und nach seinen eigenen Erfolgsmustern handelt. Menschen, die keine Transparenz zulassen, haben meistens mehr Interesse an sich selbst als an einem gut funktionierenden Team.

Erstklassige Führungskräfte stellen erstklassige Mitarbeiter ein und haben keine Angst davor, wenn diese besser sind. Zweitklassige Führungskräfte stellen drittklassige Mitarbeiter ein, sichern sich damit ihre eigene Position und beschweren sich später über die mangelnde Leistung ihrer Mitarbeiter.

Transparenz sorgt dafür, dass jeder sein Bestes geben kann, und genau darum geht es. Wenn es in einem Team jemanden gibt, der 50 % weniger Aufgaben erledigt als der Teambeste, dann wird das Team das akzeptieren, solange dieser Mensch 100 % *seiner* Leistung gibt. Es geht nicht darum, dass alle gleich viel Leistung erbringen. Es geht darum, dass alle ihren Teil zum Teamerfolg beitragen.

## Fehlerkultur

Bei der Verwendung von agilen Methoden wie Scrum taucht immer wieder das Wort »Fehlerkultur« auf. Hiermit ist gemeint, dass es in Ordnung ist, Fehler zu machen, und die Teammitglieder es offen kommunizieren sollen, wenn etwas schiefgelaufen ist. So können alle daraus lernen. Doch zwischen der Theorie und der Praxis einer Fehlerkultur liegt viel Arbeit. In der Praxis werden Fehler selten toleriert und daher meistens nicht transparent gemacht, weil die Angst vor Verurteilung größer ist als die Chance für den Einzelnen, sich zu verbessern.

Zuerst brauchen wir eine Definition des Wortes »Fehler«. Laut dem Duden ist ein Fehler etwas, was falsch ist bzw. vom Richtigen abweicht, und im weiteren Sinne eine irrtümliche Entscheidung. Damit etwas ein Fehler sein kann, muss immer zuerst das erwartete Ergebnis festgelegt worden sein.

Stell dir folgende Situation vor: Du möchtest einen schönen Tag mit deiner Frau/deinem Mann verbringen, und ihr entscheidet euch dafür, mit dem Auto zu einem traumhaften kleinen Café zu fahren. Ihr seid schon einige Male dort gewesen und freut euch, endlich mal wieder etwas Zeit miteinander verbringen zu können. Die Sonne scheint und ihr fahrt los. Ihr redet über das letzte Mal, als ihr in dem Café wart, und wie schön die Zeit dort war, und ihr unterhaltet euch so angeregt, dass du falsch abbiegst. Euch fällt dieser Fehler erstmal gar nicht auf. Aber nach einer halben Stunde merkt ihr, dass ihr gar nicht mehr wisst, wo ihr seid. Ihr habt erkannt, dass ihr die Ausfahrt verpasst habt.

Ihr ärgert euch kurz über diesen Fehler und die verschwendete Zeit, und ihr beschließt, dass ihr nach der nächsten Kurve dreht. Ihr fahrt um die Kurve, und auf einmal seht ihr einen traumhaften See vor euch. Dahinter liegt eine kleine Bergkette, und ihr seht schon von Weitem ein ganz zauberhaftes Café. Dieser offensichtliche Fehler stellt sich im Nachhinein als willkommene Abwechslung dar, und ihr verbringt einen tollen Nachmittag.

War der falsche Weg jetzt ein Fehler? Oder war er eigentlich in Ordnung? Alles, was in unserem Leben passiert, ist erst einmal ohne Wertung. Es ist weder gut noch schlecht. Erst die Bedeutung, die wir den Dingen geben, entscheidet über die Wertung.

**Erst die Bedeutung, die wir den Dingen geben, entscheidet über die Wertung.**

Was richtig und was falsch ist, wird von unserem Wertesystem bestimmt. Ein Fehler kann somit immer aus verschiedenen Perspektiven betrachtet werden. Daher sollten wir bei jedem vermeintlichen Fehler genau prüfen, ob er uns auf dem Weg zu unserem Ziel wirklich behindert hat oder ob es nur ein anderer Schritt in die richtige Richtung gewesen ist.

Ebenfalls relevant ist immer, was wir aus den Fehlern lernen und wie wir danach mit diesen umgehen. Ich möchte hierfür noch einmal den Gedanken des Lean Managements und der Wertschöpfungskette in den Vordergrund bringen.

Bei Toyota beispielsweise gibt es das »Andon-Cord-System« zur Förderung der Fehlerkultur: An jeder Station der Wertschöpfung hat jeder Mitarbeiter die Möglichkeit, eine symbolische Reißleine zu ziehen, indem er einen Knopf drückt. Sobald das passiert, wird die Produktion gestoppt und alle kommen zusammen und schauen sich das Problem an, das dieser Mitarbeiter gefunden hat.

In vielen europäisch geprägten Unternehmen wäre ein solches Vorgehen unvorstellbar. In einem solchen Moment würde ja einfach die Produktion gestoppt, und dafür ist keine Zeit. Doch was dadurch bei Toyota passiert, ist außergewöhnlich. Durch das hohe Investment an Zeit und Energie während des Aufbaus der Wertschöpfungskette gibt es heute fast keine Probleme / Fehler mehr.

Jedes Mal, wenn die symbolische Reißleine gezogen wurde, gab es an diesem Punkt der Produktion ein Problem. Dieses hätte im Nachhinein zu größeren Fehlern geführt. Wenn nur ein Teil falsch produziert wird und beispielsweise nach der Auslieferung zu einem Rückruf führt, dann sind die Kosten meistens wesentlich höher, als das Band für eine Stunde anzuhalten und das Problem nachhaltig zu lösen.

Diese Art des Arbeitens zeichnet eine gute Fehlerkultur in einer agilen Organisation aus. Der Fokus liegt auf der Optimierung der Wertschöpfungskette, und jeder Mensch kann sein Potenzial vollkommen ausschöpfen und das Beste in die Optimierung einbringen.

Für neue Mitarbeiter ist dies erstmal ungewöhnlich, und oft wird die Frage gestellt: »Was passiert, wenn ich direkt an meinem ersten Tag schon die Reißleine ziehe?« Die Antwort einer guten Führungskraft lautet immer: »Wenn unser System so instabil ist, dass du es am ersten Tag aushebeln kannst, dann steht es dir frei, dieses Problem zu lösen. Wir gehen allerdings davon aus, dass dir das nicht gelingen wird.«

Hier kommt auch wieder der Aspekt des Vertrauens ins Spiel. Eine gute Fehlerkultur benötigt gleichzeitig eine gute Führungskultur. Nur wenn die Menschen absolutes Vertrauen zu ihrer Führungskraft haben und wissen, dass diese voll hinter ihnen steht, werden sie den Mut haben, Risiken einzugehen, Fehler zu produzieren, diese offen zu kommunizieren und daraus kontinuierlich zu lernen.

**»War das wirklich ein Fehler, oder haben wir nur einen anderen Weg gewählt, der ans gleiche Ziel führt?«**

Dabei sollte immer zuerst die Frage beantwortet werden: »War das wirklich ein Fehler, oder haben wir nur einen anderen Weg gewählt, der ans gleiche Ziel führt?«

Was hierbei selbstverständlich sein sollte: Es ist kein Freifahrtschein für mutwilliges und fahrlässiges Handeln. Dieses muss auch als solches erkannt werden. Wenn beispielsweise auf dem Firmengelände rechts vor links gilt und jemand mit einem Gabelstapler diese Regel ignoriert und eine andere Person verletzt, dann ist das ein Fehler, der eine entsprechende Konsequenz nach sich ziehen sollte.

## Ergebniskultur

Jedes Unternehmensziel sollte eine Metrik haben, mit der das Erreichen des Ziels gemessen wird. Ich habe seit Jahren sehr gute Erfahrungen mit dem Werkzeug »Objectives and Key Results« gemacht. Dieses Werkzeug ist gut geeignet, um ein Unternehmen auszurichten und zu fokussieren. Damit das funktioniert, sollte im Unternehmen ab sofort von »Ergebnissen« gesprochen werden.

Das beste Beispiel ist Silvester. An diesem Tag werden unzählige Neujahrsvorsätze ausgesprochen, an die sich zwei Wochen später niemand mehr erinnert.

Die gängigsten sind wohl, mit dem Rauchen aufzuhören, mehr Sport zu treiben oder sich gesünder zu ernähren. Alle diese Aussagen haben eine Sache gemeinsam: Sie sind eine Willensbekundung und keine Vereinbarung auf ein Ergebnis.

Die Willensbekundung »ich will mehr Sport treiben« lässt sich als Ergebnis ganz klar formulieren. Ich möchte eine bestimmte Vitalität erreichen, und diese kann ich durch Kraft- oder Ausdauerwerte genau messen. Beispielsweise könnte ich festlegen, dass ich in drei Monaten 50 Liegestütze und zehn Klimmzüge schaffe oder fünf Kilometer innerhalb von 30 Minuten joggen kann. Diese Werte sind eindeutig messbar. Meine Vision ist es, mich fitter und vitaler zu fühlen. Meine Kraftwerte machen das Ganze messbar, und schon ist aus der reinen Willensbekundung »ich will mehr Sport treiben« ein festes Ziel mit messbaren Ergebnissen geworden.

Die Messbarkeit ist dabei der Knackpunkt, denn wenn wir es konkret machen, dann bedeutet es auch im Umkehrschluss: Ich sehe in drei Monaten, dass ich es doch wieder nicht getan habe. Diese Art der Verpflichtung gehen wir nur bei Themen ein, die uns wirklich am Herzen liegen und bei denen wir gewillt sind, das »Risiko« des Versagens einzugehen.

Um zu einer Ergebniskultur zu gelangen, müssen drei Faktoren betrachtet werden.

Zuerst gibt es für uns immer den Sinn. Dieser beschreibt deinen Antrieb. Ein Ergebnis zu erreichen, das für dich keinen Sinn ergibt, ist mühselig. Hier ist es wichtig, dass das Ergebnis im Sinne des Unternehmens und in deinem Sinne ist. Wenn ich beispielsweise dieses Buch schreibe, dann sehe ich ganz klar einen Sinn darin, dass es ich es tue. Zum einen möchte ich mir den Lebenstraum erfüllen, Autor zu sein. Zum anderen schreibe ich über meine Leidenschaft und meinen Beruf, und dieses Buch wird meinem Unternehmen helfen, zu wachsen.

Der zweite Aspekt ist dein aktueller Weg, den du beschreitest. Dieser sollte deiner Persönlichkeit entsprechen. Sobald du Dinge tust, die dir von Natur aus leicht von der Hand gehen, Spaß machen und in deinem Kompetenzbereich liegen, wird es leichter für dich sein, diese zu erledigen.

**Es ist entscheidend, dass jeder Mitarbeiter den Sinn der Unternehmung mitträgt.**

Der dritte Faktor ist das Ziel, das mit dem Ergebnis verknüpft ist. Eine Ergebniskultur entsteht dann, wenn der Sinn, der Weg und das Ziel für einen Menschen übereinstimmen. Diese sind bei jedem Menschen individuell. Deshalb ist es entscheidend, dass jeder Mitarbeiter eines Unternehmens den Sinn dieser Unternehmung versteht und mitträgt.

## Kooperationswille und Wissensaustausch

»Denn Wissen selbst ist Macht«, sagte der Philosoph Francis Bacon vor fast 500 Jahren. Im Deutschen sagen wir oft vereinfacht: »Wissen ist Macht«, und genauso agieren wir häufig in Unternehmen. Für politische Zwecke wird Wissen zurückgehalten oder eingesetzt. Viele Menschen teilen ganz bewusst ihre Erfahrungen nicht mit anderen, um sich dadurch ihren Job zu »sichern«.

Doch ein wichtiger Aspekt wird hierbei gerne vergessen: Wissen an sich ist nicht Macht. Nur die Umsetzung von Wissen in Aktionen führt zu Ergebnissen, aus denen dann Macht entstehen kann. In einer agilen Organisation wird Wissen ohne große Diskussionen miteinander geteilt und frei zur Verfügung gestellt.

**Nur die Umsetzung von Wissen in Aktionen führt zu Ergebnissen, aus denen dann Macht entstehen kann.**

Vor einigen Jahren saß ich an einem herbstlichen Nachmittag mit meinem damaligen Geschäftsführer, dem Programmleiter und weiteren Kollegen in einem Raum. Es war der Beginn eines neuen IT-Projekts, und ich durfte der Diskussion über die zukünftige Art zu arbeiten beiwohnen. Es wurde heftig diskutiert. Grund dafür war der aktuelle Stand der besprochenen Ergebnisse. »Wir dürfen den Plan nicht veröffentlichen, denn das wird Panik bei den Mitarbeitern verursachen«, hieß es. Viele Jobs sollten sich von ihrer Tätigkeit her verändern, und die Digitalisierung von Prozessen sollte stärker in den Vordergrund rücken.

Der Ansatz war zu diesem Zeitpunkt ganz klar. Das Top-Management überlegte sich, wie die operative Ebene arbeiten sollte. Diese würde nach der Festlegung der neuen Prozesse informiert und sukzessive transformiert werden.

Hast du den Fehler im System schon erkannt und weißt du, was hier schiefläuft?

Wenn das Top-Management die operative Ebene nicht miteinbezieht, weil es keine Panik verursachen will, was wird dann passieren, wenn es diese vor vollendete Tatsachen stellt und irgendwann aus heiterem Himmel die neuen Arbeitsprozesse vorstellt?

In agilen Organisationen geht es darum, sich gemeinsam und kooperativ immer weiterzuentwickeln und zu verbessern. Die operativen Mitarbeiter bleiben das Herz des Unternehmens. Ohne sie funktioniert der ganze Kreislauf nicht, und genau diese Wertschätzung haben sie auch verdient.

Sie müssen involviert werden, denn wer kennt die Verbesserungspotenziale besser als Menschen, die schon seit Jahren in diesem Bereich Erfahrung haben?

Häufig führt die hierarchische Strukturierung von Unternehmen zur »Silo-Bildung« – zum Entstehen von Abteilungen, die nur sich selbst im Blick haben und um sich selbst kreisen. Die Macht eines Managers wird dort lediglich durch zweierlei bestimmt: die Anzahl der Menschen, die ihm unterstellt sind, und das Budget, das er verwaltet. Sobald er etwas davon verliert, sinkt in den Köpfen der Menschen, die daran glauben, automatisch seine Macht. Diese Machtinteressen nennt man auch politische Spiele. Sie bringen dem Unternehmen nie einen Mehrwert und erschweren die Einführung von agilen Methoden.

**Frühzeitig und offen miteinander zu reden, hilft fast immer, bessere Ergebnisse zu liefern.**

Ein erster Schritt zu mehr Kooperation ist die Verwendung von geeigneten Tools zur Dokumentation von Wissen und erwarteten Ergebnissen. Wenn zu jedem Zeitpunkt transparent ist, welches Unternehmensziel in den nächsten Wochen erreicht werden soll und wer dafür verantwortlich ist, und wenn diese Ziele messbar sind, müssen alle Mitarbeiter kontinuierlich auf diese Ziele hinarbeiten. Typischerweise gibt es regelmäßige Termine, an denen über den aktuellen Status von Aufgaben gesprochen wird. Wenn dieser Termin alle drei Wochen stattfindet, erfährst du auch nur alle drei Wochen, ob die Dinge wie geplant laufen. Sobald jeder zu jedem Zeitpunkt den Status einsehen kann, können viel früher potenzielle Risiken erkannt und aufgelöst werden. Meine Erfahrung ist, dass die meisten Probleme durch die Kommunikation zwischen zwei Menschen entstehen. Frühzeitig und offen miteinander zu reden, hilft fast immer, bessere Ergebnisse zu liefern.

Kooperation und Austausch von Wissen entwickeln sich langsam und zäh. Wir sind es gewohnt, unser Wissen zurückzuhalten, da es dafür eine Belohnung gibt. Denk einmal kurz an deine Schulzeit zurück: Wenn du die Hausaufgaben erledigt hattest, gab es ein Lob des Lehrers. Wenn dein

Klassenkamerad, den du nicht mochtest, die Hausaufgabe nicht gemacht hatte, erhielt er eine kleine Bestrafung. Du hättest ihm auch helfen können. Nicht unbedingt, indem du ihn hättest abschreiben lassen, aber du hättest ihm beispielsweise bei den Hausaufgaben helfen können.

Dadurch hättest du einen riesigen Vorteil für dich selbst geschaffen. Zum einen wäre er besser geworden, wodurch die ganze Klasse anspruchsvollere Aufgaben erhalten hätte und du mehr gelernt hättest. Zum anderen, indem du dein Wissen gefestigt und gelernt hättest, wie du es an andere weitergibst. Außerdem hättet ihr euch die Zeit gespart, in der die Lehrerin ihm erklärt, dass er seine Hausaufgaben machen muss. Wahrscheinlich hast du als Kind niemals so darüber nachgedacht. Es gab keine Extrapunkte für Zusammenarbeit, wir haben nur dann in Gruppen gearbeitet, wenn es der Lehrer gesagt hat. In Unternehmen begegnet mir dieses Verhalten häufig wieder.

Kooperation und Miteinander helfen uns dabei, signifikant bessere Ergebnisse zu produzieren, und obwohl Wissen immer noch wertvoll ist, ist es heute sowieso immer frei verfügbar. Spätestens, seit vor zehn Jahren das Internet Einzug auf unseren Handys gehalten hat. Trotzdem stellt sich die Frage, warum wir es nicht schaffen, »agil« zu werden, obwohl wir genau nachlesen können, wie es funktioniert und was es bedeutet.

Das funktioniert nur, wenn wir miteinander arbeiten und im Sinne der Unternehmung und des Systems nach Verbesserung streben und alle Erkenntnisse miteinander teilen. Wenn das Top-Management eine Information nicht teilt, weil es Angst vor Unruhe im Unternehmen hat, dann steht das Unternehmen an einem wirklich kritischen Punkt. Hier fehlen Vertrauen und Transparenz. Über Jahre hinweg wurden die Mitarbeiter nicht wie ein Teil des Systems behandelt, sondern wie Zahlen auf dem Papier, die Prozesse ausführen müssen.

Agilität bedeutet vor allem, dass es wieder um uns Menschen und unsere Beziehung zueinander geht. Kooperation und Wissensaustausch müssen zentral in der Unternehmenskultur verankert sein.

## Verbindlichkeit

Ein Trugschluss bei agilen Methoden ist die Flexibilität, die immer dazu einlädt, die Meinung und die Richtung zu ändern. Ich habe oft von agilen Teams gehört: »Wir können doch jetzt noch keine Aussage über ein Ergebnis liefern, das wir erst in zwei Monaten liefern sollen. Wir sind doch agil und müssen immer auf aktuelle Geschehnisse reagieren.«

**Verbindlichkeit mit dem Wissen, dass wir jederzeit etwas verändern können.**

Diesen Aussagen widerspreche ich deutlich und bewusst. Sie sind eine Ausrede für eine schlechte Strategie und sie sind das Gegenteil von Verbindlichkeit. Jedes erfolgreiche Unternehmen hat eine Vision, die es umsetzen möchte. Daraus ergeben sich Ziele und konkrete nächste Schritte. Agil zu arbeiten bedeutet für mich, dass ich mit bestem Gewissen einen Plan aufstelle und anfange, Ergebnisse zu produzieren. In unserem Unternehmen gibt es einen Fünfjahresplan, der sehr visionär ist, und einen Dreijahresplan, der ganz konkrete Ziele hat, beispielsweise das Erreichen eines bestimmten Umsatzes oder die Anzahl der Menschen, die wir im Cloud-Bereich ausgebildet haben möchten. Dann gibt es sehr konkrete Quartalsziele in Form von Objectives and Key Results. Wenn ich nun im laufenden Quartal merke, dass mein OKR vollkommen falsch gewählt ist und ich unbedingt etwas tun muss, von dem ich noch nicht wusste, dass es passiert, dann verändere ich meine Richtung. *Das* bedeutet, agil zu sein. Verbindlichkeit mit dem Wissen, dass wir jederzeit etwas verändern können. Wenn Menschen häufig nicht verbindlich sind, ist das ein Warnsignal für das Unternehmen. Es bedeutet, dass die Leute Angst vor den Konsequenzen haben, die ein Fehler auslösen würde.

Wenn ich ein Team habe, das Höchstleistung bringt, dann wird es immer in der Lage sein, aus dem Bauch heraus zu sagen, wann ein Ergebnis eintreffen wird. Gleichzeitig wird es genauso offen in der Kommunikation sein, wenn sich etwas verändert und das Ergebnis nicht erreicht werden kann. Es geht nicht um das stumpfe Festhalten an einem Plan, der längst gescheitert ist. Sondern um eine kulturelle Frage und das dahinterliegende Wertesystem. Wenn ich zu einem Meeting zugesagt habe, dann erscheine ich. Wenn ich etwas nicht akzeptiere, dann sage ich es.

Verbindlich zu sein, ist in agilen Teams von enormer Wichtigkeit. Nur so können Sprint-Zyklen ideal genutzt werden. Wenn ein Team heute festlegt, was es in zwei Wochen als Ergebnis produziert hat, dann steht dieser Plan.

Zusammengefasst ist der Rahmen die Summe der Dinge, auf die sich eine Gruppe von Menschen geeinigt hat und die sie leben. Der Rahmen ist nicht die Organisation und auch nicht der Mensch. Er ist das, was dazwischen passiert, und beschreibt den Kontext. Wenn du ein Unternehmen besuchst und die Mitarbeiter dich anlächeln. Du sofort einen Kaffee oder Tee bekommst. Dein Gastgeber sich für dich interessiert, bevor es um das Geschäft geht. Kein Stress in der Luft liegt und du Menschen lachen hörst. Wenn du einfach spürst, dass hier ein gutes Arbeitsumfeld existiert. Dann bist du in einem Unternehmen gelandet, das einen tollen Rahmen aufgebaut hat. Der Rahmen ist etwas Emotionales, und er ist wichtiger als jede Methode. Große Erfolge passieren durch Menschen, die mit dem Herzen arbeiten und gleichzeitig einen messerscharfen Fokus und Verstand besitzen.

## Führung aus verschiedenen Perspektiven

Es gibt ein altes Sprichwort, das besagt: »Der Fisch stinkt vom Kopf her.« Das bedeutet, dass die Führung über den Erfolg eines Unternehmens entscheidet. Und zwar immer! Und noch viel wichtiger: Die Führung entscheidet darüber, ob Mitarbeiter gerne in einem Unternehmen arbeiten und ob sie dort die Möglichkeit haben, ihr Potenzial auszuschöpfen. Nur wenn die Geschäftsführung bzw. der Vorstand bereit ist, sich selbst zu verändern und agile Prinzipien und Methoden anzuwenden, kann eine agile Organisation entstehen. Dabei wird das Wort Veränderung oft negativ aufgenommen. Es bedeutet so viel wie: Wir machen nicht so weiter wie bisher. Allerdings kenne ich kein Unternehmen, das sich innerhalb von zwölf Monaten nicht verändert, und zwar ganz von alleine. Stillstand gibt es nie. Die Frage ist nur, ob wir uns gesteuert und zielgerichtet verändern wollen oder unkontrolliert und unwissentlich.

**Eine der Kernkompetenzen einer Führungskraft muss es sein, das Wohl der Mitarbeiter immer in den Vordergrund zu stellen.**

Eine der Kernkompetenzen einer Führungskraft muss es sein, das Wohl der Mitarbeiter immer in den Vordergrund zu stellen. Im Kontext von Agilität wird auch häufig der Begriff »Servant Leadership« genutzt, der eine von Robert Greenleaf begründete Philosophie der Führung beschreibt. Die Führungskraft ist im Dienst des Geführten und verwendet ihre Energie darauf, ihm einen Raum für die persönliche Entfaltung zu bieten.

95 % aller Führungskräfte glauben, dass sie besonders gute Führungskräfte sind. Dass hier etwas nicht stimmt, wird sofort klar. Genauso gibt es eine Statistik, die besagt, dass fast alle Mitarbeiter wegen schlechter Führung kündigen. Wie passt das also zusammen?

Eine Antwort liefert der Dunning-Kruger-Effekt. Demnach neigen inkompetente Menschen dazu, ihre Fähigkeiten zu überschätzen. Wenn du beispielsweise in deinem Freundeskreis fragen würdest, wer ein guter Autofahrer ist, dann würden wahrscheinlich fast alle behaupten, einer zu sein. Es gibt dann allerdings immer diese eine Person, bei der du genau weißt, dass sie ein schlechter Fahrer ist. Aber wie ist der Maßstab? Reicht es, länger keinen Unfall gebaut zu haben, um ein guter Fahrer zu sein? Oder wenn die Beifahrer sich sicher fühlen? Verglichen mit einem Formel-1-Fahrer sind wir doch alle »schlechte« Fahrer, oder?

Wenn du aufmerksam gelesen hast, dann wirst du gemerkt haben, dass es nicht den agilen Werten entspricht, jemanden als inkompetent zu bezeichnen. Genauso denke ich auch nicht, dass Führungskräfte im Großen und Ganzen inkompetente Menschen sind. Die meisten von uns beginnen als Fachkraft ihren ersten Job und übernehmen erst Jahre später die erste Führungsposition. Für diese sind neue Fähigkeiten notwendig und eine persönliche Weiterentwicklung. Der Fokus verändert sich, von der täglichen Arbeit innerhalb der Wertschöpfungskette hin zur Arbeit am Menschen.

Sobald jemand allerdings zum ersten Mal in eine Führungsposition befördert worden ist, verbieten es ihm sein Ego und die gesellschaftliche Norm, transparent zu machen, wenn das eine falsche Entscheidung war und er lieber in seinem operativen Job geblieben wäre. Da der Schritt zurück oft gleichbedeutend mit dem Ende der Karriere wäre, bleiben viele Führungskräfte in ihrer Position, werden dort unglücklich und können diese Position nicht so ausfüllen, wie das nötig wäre. Sie müssen sich auf einmal den ganzen Tag mit Menschen beschäftigen und würden doch viel lieber einfach nur operativ »arbeiten«. Mitarbeiterentwicklung ist eine produktive und sehr wichtige Arbeit, aber es ist extrem schwer, dies zu erkennen und zu verstehen.

Vor ein paar Jahren habe ich eine solche schlechte Führung am eigenen Leib erlebt. Ich erhielt damals eine extrem undankbare, jedoch lehrreiche Aufgabe. Ich sollte für unser Projekt ein Büro beschaffen. Das beinhaltete die Anmietung, die Ausstattung und die Etablierung aller relevanten Prozesse. Heute bin ich dankbar dafür, da ich an dieser Aufgabe unglaublich gewachsen bin und sehr viel gelernt habe, vor allem über Menschen und wie wichtig ihnen eine »Heimat« in Form ihres Schreibtisches ist, wenn das Umfeld unsicher ist.

Die Geschichte, die ich an dieser Stelle erzählen möchte, hat allerdings nichts mit dem Büro an sich zu tun, sondern mit dem Dilemma, dass es immer zu wenig Tische gab. Ich erinnere mich an ein Meeting, in dem ich meinem Geschäftsführer und seinen Bereichsleitern eine neue standortübergreifende Arbeitsplatzverteilung vorschlug. Die Herausforderung war, dass es offenbar mehr Menschen als Schreibtische gab. In der Realität war es aber so, dass immer Schreibtische frei waren, wenn ich durch die Büros ging. Ich wusste, wie sich dieses Problem lösen ließ, aber der Geschäftsführer sagte zu seinen Bereichsleitern: »Ihr rennt immer zu mir und wollt eine Entscheidung. Klärt das Thema doch einfach unter euch!«

In diesem Satz zeigen sich zwei der Kernprobleme. Zum einen traf er zu diesem Thema niemals eine Entscheidung. Jeder Bereichsleiter hatte persönliche Präferenzen und Befindlichkeiten, die einzige Lösung, mit der alle zufrieden gewesen wären, wäre die Anmietung eines vierten Gebäudes gewesen. Das war allerdings aus strategischen Gründen nicht gewollt.

Das zweite Problem war, dass die Bereichsleiter sich untereinander nicht einigen konnten. Der Geschäftsführer und seine fünf Bereichsleiter müssen ein Team sein und wie ein Team agieren. Im Idealfall sind sie das beste Team des Unternehmens, das die meisten Ergebnisse produziert. Es ist ihre Verantwortung, die Arbeitsumgebung so zu gestalten, dass die Mitarbeiter dort gerne arbeiten.

Was passierte stattdessen? Eine agile Transformation wurde gestartet, dadurch veränderten sich die Arbeitsweisen und Arbeitsmethoden, und das sorgte für Unsicherheit unter den Mitarbeitern. Ich erlebte, dass Menschen Tränen in den Augen hatten, weil sie ihr geliebtes Zweierbüro verlassen und ins Großraumbüro umziehen mussten. Währenddessen hatten unser Geschäftsführer und jeder Bereichsleiter ein Einzelbüro, das sie so gut wie nie nutzten, da sie ständig in Meetings waren.

Die Relevanz eines Rückzugsorts für einen Bereichsleiter, der immer wieder Vier-Augen-Gespräche führt und der ein gewisses Maß an Vertraulichkeit benötigt, ist vollkommen klar und nachvollziehbar. Genauso ist es aber die Verantwortung des Bereichsleiters, ein Vorbild zu sein und sich auch einfach mal für einen Tag ins Großraumbüro zu setzen und dort zu arbeiten. Während ich an dem Thema Räume arbeitete, erlebte ich jeden Tag ein Versagen von Führung über mehrere Ebenen hinweg, und vor allem wurde ich Zeuge, welche katastrophalen Auswirkungen dies auf die Mitarbeiter, deren Motivation und Leistung hatte.

Wie soll ein Mensch sich sicher fühlen und guter Stimmung sein, wenn er kein Vertrauen in seine Führungskraft hat und wenn seine eigenen Wünsche permanent ignoriert werden? Wenn 100 Menschen sagen, dass sie nicht ins Großraumbüro wollen, dann sollten der Dialog und die Suche nach einer konstruktiven Lösung im Vordergrund stehen. Menschen vor vollendete Tatsachen zu stellen, sorgt in diesem Kontext für massive Unruhe.

**Wie soll ein Mensch sich sicher fühlen, wenn er kein Vertrauen in seine Führungskraft hat und seine Wünsche permanent ignoriert werden?**

## Geschwindigkeit bei der Entscheidungsfindung

Eine große Herausforderung für Führungskräfte ist es, Entscheidungen zu treffen. Zumindest könnten wir das denken, wenn wir sehen, wie wenige Entscheidungen in Unternehmen getroffen werden. Es scheint die Faustregel zu gelten: Je höher die Managementebene ist, desto öfter werden Entscheidungen ausgesessen und nicht getroffen.

Dieses Phänomen habe ich häufig in Großkonzernen erlebt, in denen es keine Fehlerkultur gibt. Wer dort einmal eine falsche Entscheidung getroffen hat, dessen Karriere war beendet. Das gilt vor allem, wenn Entscheidungen besonders weitreichend sind und einen langen Horizont haben. Wenn ich heute eine Entscheidung treffen muss, deren Ergebnis erst in sieben Monaten sichtbar sein wird, dann kann ich das niemals mit gutem Gewissen tun. Vor allem nicht, wenn meine Karriere an diesem Ergebnis hängt.

Der Vorteil einer agilen Organisation ist, dass Entscheidungen wesentlich lockerer getroffen werden können. Wenn diese Entscheidung innerhalb von zwei Wochen in einem kurzen Zyklus überprüft werden kann, ist es unwahrscheinlicher, dass etwas Gravierendes schiefgeht.

Entscheidungen sollten uns immer leichtfallen und sollten für Innovationen und neue Erfahrungen sorgen. Die Aufgabe einer modernen

Führungskraft ist es, ein Umfeld zu schaffen, in dem im Idealfall die Mitarbeiter Entscheidungen treffen und für diese Entscheidungen die Verantwortung übernehmen. In dem Moment, in dem eine Führungskraft nicht mehr benötigt wird, hat sie das System so gut aufgebaut, dass sie für die nächsthöhere Aufgabe bereit ist.

**Agilität bedeutet auch, den Mut zu haben, Entscheidungen intuitiv zu treffen.**

Agilität bedeutet auch, den Mut zu haben, Entscheidungen intuitiv zu treffen und schnell zu überprüfen, ob sie zum gewünschten Ergebnis führen. Durch diese Art, schnell zu entscheiden, lernen wir kontinuierlich dazu und werden immer besser darin, Entscheidungen zu treffen.

Sobald es klar messbare Ergebnisse gibt, kann zudem überprüft werden, wie sich die Entscheidung auf die übergeordneten Ergebnisse auswirken wird. Es wird niemals ein Richtig oder Falsch geben. Wenn du kurz dein Leben reflektierst und dir die großen Entscheidungen anschaust, dann wirst du sehen, dass es keine wirklich schlechten Entscheidungen gibt. Denn du hast jede Entscheidung auf der Basis der besten Informationen getroffen, die dir zur Verfügung standen. Und falls sich eine Entscheidung doch als schlecht erwies, hast du sie korrigiert und somit die Richtung verändert.

## Hierarchie vs. Augenhöhe

Ich erlebe immer wieder, wie Unternehmen, die eine agile Organisation aufbauen wollen, glauben, dass das den Abbau der Führungshierarchie bedeutet. Dass Selbstorganisation und Verantwortung in den Teams bedeuten, dass es weniger Führungskräfte braucht. Das ist ein fataler Trugschluss, denn nicht die Hierarchie ist das Problem, sondern dass viele Führungskräfte nicht gut führen können.

Bei unseren prähistorischen Vorfahren war der Anführer stets eine starke Persönlichkeit, der die Gruppe vor Gefahren und Angriffen beschützte. Er führte die Jagd an und musste visionär und mutig in die Zukunft gehen. So sieht eine Person aus, die Sicherheit ausstrahlt.

Heute sind Führungskräfte häufig Fachexperten, die Personalverantwortung übernommen haben. Als Teamleiter funktioniert das häufig noch, auf der Ebene eines Abteilungs- oder Bereichsleiters jedoch ist die Hauptaufgabe einer Führungskraft die Entwicklung von Menschen.

Dabei müssen wir die verschiedenen Menschen und ihre Bedürfnisse immer im Fokus behalten. Agilität verändert nichts an der Führung. Agilität macht nur transparent, dass es mehr starke Führungskräfte braucht, die bereit sind, ihrem Team einen starken Rahmen zu bauen, in dem dieses sich sicher fühlt und arbeiten kann. Führung bedeutet auch, sich viel Zeit für das Team zu nehmen und bei jedem Einzelnen die Potenziale herauszukitzeln.

Das jährliche Feedbackgespräch hat ausgedient. Die Bezahlung eines Menschen sollte nicht mehr an Ziele gekoppelt sein, die in drei Wochen nicht mehr existieren. Die Bezahlung sollte an die Ergebnisse des Teams und den persönlichen Beitrag gekoppelt sein.

Eine Führungskraft sollte mindestens alle vier Wochen intensiv mit einem Mitarbeiter darüber sprechen, wohin er sich entwickeln will und was die konkreten nächsten Schritte dazu sind. Das sollte wesentlich häufiger stattfinden, als es heute üblich ist. Wenn das Team allerdings die Arbeit erledigt, sich selbst organisiert und die Aufgabe der Führungskraft der Aufbau des Rahmens aus Kultur, Strategie und Vision ist, dann gibt es genug Zeit, um diese wichtigen Dialoge zu führen.

Führung in einer agilen Organisation bedeutet, auf Augenhöhe zu agieren. Der Chef ist niemand, der eine Entscheidung trifft und danach das Team vor vollendete Tatsachen stellt. Er ist allerdings auch niemand, der unbedingt einen Konsens sucht, denn das würde den schnellen Entschei-

**Führung in einer agilen Organisation bedeutet, auf Augenhöhe zu agieren.**

dungen widersprechen. Viele Menschen haben ein hohes Geltungsbedürfnis und wollen zeigen, dass sie einen wertvollen Beitrag leisten. Das führt oft zu unzähligen Diskussionen, die ohne Ergebnisse bleiben. Solche Diskussionen sollten aktiv und wertschätzend unterbunden werden.

Wertschätzung bedeutet auch, auf Augenhöhe zu agieren. Wenn in einem Meeting Führungskräfte anwesend sind, dann sollten sie ihrem Team den Raum geben, um Ideen und Wege zu diskutieren und zu finden. Der Star-Investor Warren Buffett, einer der reichsten Menschen der Welt, hat einmal gesagt: »Wenn du der klügste Mensch im Raum bist, dann bist du im falschen Raum.«

Führungskräfte sollten immer nur Leute einstellen, die in irgendetwas besser sind als sie selbst. Ihre Aufgabe ist es, außergewöhnliche Menschen zusammenzubringen und aus ihnen ein Team zu machen.

**Bei bis zu 150 Menschen sind wir in der Lage, jede Person unserer Gruppe zu kennen und zu jeder eine soziale Beziehung aufzubauen.**

Hierarchie ist auch in agilen Organisationen zwingend notwendig, um Verantwortung klar zu definieren und Teams aufzubauen, die auf ideale Weise wachsen können. Wenn wir davon ausgehen, dass jedes Team aus neun Personen plus Führungskraft besteht, dann kann ich fünfzehn Teams wiederum zu einer Abteilung zusammenfassen. Natürlich kann die Einteilung auch kleinteiliger sein, allerdings niemals größer. Laut dem Psychologen Robin Dunbar erreichen wir bei 150 Personen eine kognitive Grenze. Bei bis zu 150 Menschen sind wir in der Lage, jede Person unserer Gruppe zu kennen und zu jeder eine soziale Beziehung aufzubauen. Ist die Zahl größer, wird es immer anonymer.

Diese Zahl sollte in einer agilen Organisation immer betrachtet werden, und die Bereiche sollten niemals größer als 150 Personen sein. Falls für ein Produkt mehr Personen notwendig sind, sollte die Organisation sich überlegen, wo sie eine gute Teilung erreichen kann, um das Produkt in zwei Teile zu teilen.

## Den Konsent finden

Eine Methode, die ich sehr zu schätzen gelernt habe, ist, im Konsent zu entscheiden. Du hast richtig gelesen, das Wort heißt Konsent und nicht Konsens. Gestartet wird die Methode in dem Moment, in dem jemand eine Entscheidung treffen möchte und somit die Rolle des Anführers übernimmt. Doch anstatt jeden von der eigenen Idee zu überzeugen oder die Hierarchie zu nutzen, liegt die Entscheidung voll und ganz bei demjenigen, der sie treffen möchte. Er hat allerdings die Verantwortung, mit jedem Menschen zu sprechen, der von seiner Entscheidung betroffen ist, und ihn nach begründeten Einwänden zu fragen. Ein begründeter Einwand ist einfach zu erkennen – wir Menschen sind gut darin, zu sehen, ob jemand logisch nachvollziehbare Einwände darlegt oder ob er nur ein Veto einlegt, weil er eine Entscheidung persönlich nicht gutheißt.

Starke Führungskräfte geben die Entscheidungskraft somit immer an die Stelle, an der das meiste Wissen liegt, und das ist fast immer ein Mitarbeiter. Persönliche Interessen, die dem Team nicht dienen, werden durch die Möglichkeit, Entscheidungen im Konsent zu treffen, fast immer aufgedeckt.

## Der Gastgeber sein

> **Führungskräfte müssen sehr sozialkompetent sein.**

Führungskräfte müssen sehr sozialkompetent sein. Die Zeit des Wissensmanagements ist vorbei, nun kommt das Kreativmanagement. Eine Führungskraft muss dem Mitarbeiter den Sinn aufzeigen und Nutzen stiften. Sie muss Wertschätzung transportieren und die Bedeutung und Wichtigkeit des Mitarbeiters in der agilen Organisation transparent und schlüssig machen. Führungskräfte müssen Menschen emotional berühren und involvieren können.

Einen spannenden Ansatz für die Führung im Zusammenhang mit agilen Methoden haben Mark McKergow und Helen Bailey 2014 in ihrem

**Das Geheimnis als Führungskraft ist es, zu wissen, wann man einen Schritt zurücktreten muss.**

Buch *Host* veröffentlicht. Sie sprechen darin von einem Führungsstil, der aus meiner Sicht sehr gut zu einer agilen Einstellung passt: Das Geheimnis als Führungskraft ist es, zu wissen, wann man einen Schritt zurücktreten muss. Die Zeit der Helden und Einzelkämpfer ist vorbei, es geht um Teams und darum, zusammen den Weg zu gehen und das Ziel zu erreichen. Das sogenannte »Gastgeber-Prinzip« beschreibt, wie eine gute Führungskraft in sechs verschiedenen Rollen agieren kann, um situationsgerecht zu führen.

Stell dir vor, du bist Gastgeber einer Party, und überleg dir, was du alles vor, während und nach der Party machen würdest. Im ersten Schritt brauchen wir einen **Initiator**, sprich: jemanden, der die Idee hat, eine Party zu machen. Im Idealfall hat er schon eine Vision davon, wie die Party aussehen soll. Ist es eine Poolparty auf Ibiza oder eine Gala in Berlin? Sprechen wir von einer Hausparty, oder gehen wir gemeinsam Fußball schauen? Welches Ziel hat die Party? Wollen wir »nur« Spaß haben, oder wollen wir Spenden sammeln? Geht es darum, sich mit seinen Freunden auszutauschen, oder darum, etwas Besonderes zu erleben? Wenn wir im Privatleben eine Party initiieren, wissen wir immer, warum.

Danach wird es Zeit, Gäste zur Party einzuladen. Wir brauchen somit den **Einlader**. Dabei muss der Initiator nicht zwangsläufig der Einlader sein. Allerdings sollte Letzterer immer wissen, warum die Party initiiert wurde. Es gibt dabei verschiedene Wege, um jemanden einzuladen. Du kannst ihm eine Karte schicken, eine SMS oder anrufen. Du kannst persönlich vorbeigehen. Vielleicht gibt es Leute, die auf mehrere Partys eingeladen sind, und du möchtest sie davon überzeugen, dass deine Party besser ist. Es geht nicht nur darum, eine Einladung auszusprechen. Genauso wichtig ist, den Gästen das Gefühl zu geben, dass sie wirklich erwünscht sind.

Nun gehen wir in den letzten Schritt der Vorbereitung über und kreieren den passenden Rahmen. Beim Gastgeber-Prinzip nennt man denjenigen, der dafür zuständig ist, den **Raumschöpfer**. Dabei geht es zum einen um den physischen Raum, in dem deine Party stattfindet, aber auch um die Dekoration, das Essen, die Getränke und die Musik. Es geht um den gesamten Rahmen, in dem sich deine Party bewegt.

Nun startet die Party, und natürlich brauchen wir jemanden, der auf unseren Rahmen aufpasst und sich um die Party kümmert. Der Begriff **Türsteher** klingt zunächst ein wenig hart, aber es geht dabei um mehr als bloß darum, unerwünschte Gäste von der Party fernzuhalten. Er soll auch die Menschen freundlich begrüßen und ihnen erklären, wie die Party funktioniert.

Wenn die Party dann läuft, wirst du zum **Verbinder**. Es wird Zeit, Menschen einander vorzustellen, dich um die Party zu kümmern und dem Ganzen seinen Lauf zu lassen. Hierbei gibst du die Kontrolle an die Party selbst ab. Der DJ kümmert sich um die Musik, der Koch um das Essen, und die Leute fühlen sich wohl. Du kümmerst dich um auftretende Probleme und trittst immer wieder einen Schritt zurück und schaust, wo du etwas tun kannst, damit die Party noch besser wird.

Wenn alles funktioniert und läuft, wird es Zeit, sich zu beteiligen. Du wirst selbst für eine Weile zum **Gast** und nimmst an deiner Party teil.

Der am meisten vergessene Schritt ist das Ende der Party. Es wird Zeit, die gelungene Party zu beenden und als Gastgeber alle zu verabschieden. Du kannst dich im Nachgang für die Teilnahme bedanken und anfangen, die nächste Party zu planen.

Diese Gedanken lassen sich problemlos auf die agile Organisation transferieren, nur dass wir statt einer Party ein Produkt kreieren. Die Herausforderung ist, jeden Tag aufs Neue zu überlegen, in welcher Rolle du gerade bist und ob es nicht Sinn ergeben könnte, die Perspektive zu wechseln.

## Gute Führung ist dienend

Die besten Führungskräfte haben eine klare Vision, sind in der Lage, Menschen zu inspirieren und sie gleichzeitig zu fördern.

Ein Gedankengang ist mir dabei besonders wichtig. Bevor ich mein eigenes Startup gründete, durfte ich in einem deutschen Großkonzern an einem Programm zur Entwicklung von Führungskräften teilnehmen. Dabei ist mir eine Sache immer wieder aufgefallen: Ich konnte jeden Tag und bei jeder Aufgabe immer die Entscheidung treffen, ob ich mich hinsetze und ein Ergebnis produziere, das auf den Erfolg des Unternehmens einzahlt, oder ob ich mich mit jemandem zum Kaffee treffe, um meinen Einfluss zu vergrößern.

Für die Karriere ist es wichtiger, zu »netzwerken« und damit den eigenen Einfluss zu vergrößern. Die Möglichkeiten, genau das zu tun, waren auch immer vorhanden, und das Einzige, was ich dazu brauchte, war die Fähigkeit, eine Vision zu vermitteln und zu reden. Eine Karriere entsteht oftmals dadurch, dass du Förderer im höheren Management hast. Diese werden nur auf dich aufmerksam, wenn du sichtbar wirst und Menschen über dich reden. Zu reden und Kaffee zu trinken war für mich immer einfacher, als Ergebnisse zu produzieren. Denn für Ergebnisse musste ich mich hinsetzen, mich mehrere Stunden auf ein Thema fokussieren und ein Problem lösen, für das es noch keine Lösung gab. Etwas Neues zu schaffen, ist immer ein kreativer Prozess, der viel Energie benötigt. Genauso ist es, wenn ich dieses Buch schreibe. Ich habe ein leeres Blatt Papier vor mir und unzählige Gedanken. Diese zu sortieren und in eine logische Abfolge zu bringen, ist gar nicht so einfach.

Wenn du an die Führungskräfte denkst, mit denen du tagtäglich zu tun hast: Wie viel Prozent ihrer Zeit lösen sie wirklich Probleme und schaffen einen Mehrwert für die wirtschaftliche Situation des Unternehmens? Und wie viel Prozent ihrer Zeit verbringen sie damit, mit anderen Menschen zu sprechen und ihre eigene Macht zu vergrößern?

Die Führungskräfte, von denen ich am meisten gelernt habe und die ich als Vorbilder ansehe, verbrachten die meiste Zeit damit, Ergebnisse zu produzieren. Sie waren nicht an ihrer persönlichen Karriere interessiert, sondern daran, dass ihre Mitarbeiter sich entwickelten und über sich hinauswuchsen. Sie wussten, dass sie einen besonders guten Job gemacht hatten, wenn sie selbst nicht mehr benötigt wurden, und dass die größte Anerkennung die Wertschätzung der eigenen Mitarbeiter ist.

**Die Führungskräfte, von denen ich am meisten gelernt habe und die ich als Vorbilder ansehe, wussten, dass die größte Anerkennung die Wertschätzung der eigenen Mitarbeiter ist.**

## Der Mensch im Mittelpunkt

Wir haben im ersten Teil des Buchs über Standing Teams gesprochen. Die Frage, die noch offen ist, lautet: Wie wird aus einer Gruppe von Menschen ein Team, das gemeinsam durch dick und dünn geht? Die Antwort lautet: gemeinsame Regeln. Dieses Regelwerk nenne ich den Code of Honor oder Ehrenkodex, da das Team sich darauf festlegt, die darin enthaltenen Regeln nach Ehre und Gewissen einzuhalten und wertzuschätzen. Dadurch drückt jedes Teammitglied seinen Respekt den anderen gegenüber aus.

Welche Regeln im Code of Honor festgehalten werden, muss das Team selbst bestimmen. Ein einfaches Beispiel aus meinem letzten Team: Während des Team-Meetings wird das Smartphone nicht benutzt. Wenn wir gemeinsam in unserem Daily, also dem täglichen Treffen, zusammenstehen oder uns in unserem Retro-Meeting Zeit zum Reflektieren der vergangenen zwei Wochen nehmen, gibt es nichts Wichtigeres, als beim Team präsent zu sein.

Für viele ist es vielleicht undenkbar, zwei Stunden lang nicht auf ihr Smartphone zu schauen, allerdings habe ich es bis jetzt noch nie erlebt, dass etwas so wichtig ist, dass es nicht zwei Stunden warten könnte. Natürlich gibt es Ausnahmen. Wenn du im Meeting bist und der Feueralarm startet, oder auf dem Flur hat jemand einen Herzinfarkt und du musst den Notruf wählen, dann ist das Smartphone natürlich erlaubt. Aber diese Spezialsituationen treten natürlich so gut wie nie auf.

Wichtig bei einem Code of Honor ist die Strafe für einen Verstoß. Beispielsweise können fünf Euro in eine Gruppenkasse gespendet werden, die für teambildende Maßnahmen angelegt wird. So sammelt sich das Budget für das nächste Event fast von alleine an. Zumindest so lange, bis die Regeln wirklich gelebt werden. Die Strafe sollte so hoch sein, dass es weh tut. Gerade am Anfang, wenn ein Team sehr »undiszipliniert« ist, könnt ihr mit einer hohen Summe, beispielsweise 50 Euro, anfangen. Du wirst erstaunt sein, wie schnell Meetings zur handyfreien Zone werden.

Genauso kann in einem Code of Honor stehen, dass Konflikte und Missstände offen angesprochen werden oder dass das Team einmal die Woche zusammen 30 Minuten lang ein Buch liest. Ihr könnt dort alles verankern, was euch wichtig ist.

Die agile Organisation als Ganzes sollte ebenfalls einen Code of Honor haben, der für alle Teams gilt. Dort könnte verankert sein, dass ein Team frühzeitig Probleme meldet und mit der Kommunikation nicht bis zum »Fertigstellungstermin« wartet. Das erhöht die Wahrscheinlichkeit, dass ein Problem noch gemeistert werden kann. Gemeinsam mit den anderen Teams lässt sich vielleicht noch eine Lösung finden.

Ein Beispiel für eine schlechte Kultur habe ich einmal bei einem Kunden erlebt. Dort wurde die Reservierung von Räumen über ein digitales Tool verwaltet, sodass dies in der Regel jeder selbst tun konnte und Reservierungen für jeden ersichtlich waren.

Ein Kollege hatte einen der größeren Meetingräume für 40 Personen reserviert. Ein paar Tage später war der Termin, und mein Kollege stand mit 39 Leuten vor dem Raum, in dem auf einmal die Geschäftsführung saß. Die Sekretärin hatte seine Reservierung einfach aus dem System gelöscht, ohne ihm Bescheid zu sagen. Als er sie fragte, warum sie seine Reservierung einfach gelöscht habe, sagte sie zu ihm, sie habe den Raum gebraucht, und er solle sein Meeting halt verschieben. Egal, was sie zum Handeln bewegt hat, ein solches Verhalten habe ich immer wieder in Unternehmen erlebt, und es ist absolut inakzeptabel. Ein Code of Honor, der auf den Werten des Unternehmens basiert, ist ein guter Weg, um ein solches Verhalten transparent zu machen. Niemand verstößt gerne gegen die Regeln des Teams, und falls er es doch tut, hat das Team die Möglichkeit, diesen Konflikt zu lösen.

Eine der größten Herausforderungen ist die Kommunikation zwischen Menschen. Wir erzeugen oft Missverständnisse, und es gibt immer wieder diesen einen Kollegen, mit dem du dich nicht verstehst. Für die Interaktion und Kommunikation gibt es einen sehr einfachen Trick, der dich sofort wesentlich wirkungsvoller werden und Missverständnisse vermeiden lässt. Dafür musst du im ersten Schritt genauer verstehen, wer du bist, genauer gesagt, wie du dich auf natürliche Weise verhältst. Wir sprechen über deine Persönlichkeit. Eine einfache Definition ist: Du bist, wie du dich verhältst. Es gibt verschiedene Tests und wissenschaftliche Ansätze, um unser Verhalten zu beschreiben. Falls du noch nie einen solchen Test gemacht hast, empfehle ich dir die Website 16Personalities. Der dortige Test ordnet dich einem von verschiedenen Persönlichkeitstypen zu, die auf der Typologie von Carl Gustav Jung basieren. Wichtig ist, dass dies immer nur eine grobe Einordnung ist, bei der es kein Richtig oder Falsch gibt. Meistens trifft die Einordnung es zwar sehr gut, allerdings sind wir Menschen auch immer in der Lage, unser Verhalten zu verändern. Dazu musst du allerdings mehr Energie aufwenden, als wenn du »natürlich« agierst. Man sagt nicht umsonst, dass wir unter Stress unser wahres Gesicht zeigen, soll heißen: unsere eigentliche Persönlichkeit.

**Eine der größten Herausforderungen ist die Kommunikation zwischen Menschen.**

Ganz allgemein gibt es vier gegensätzliche Bereiche unserer Persönlichkeit, die wichtig sind. Du kannst dir diese Gegensätze wie die Frage vorstellen, ob du Links- oder Rechtshänder bist. Es gibt einfach ein Verhalten in dir, das du bevorzugst und daher auch gewohnt bist. Trotzdem kannst du auch als Rechtshänder mit links schreiben. Es ist nur ungewohnt und erscheint einem im ersten Moment schwierig.

Der erste Bereich ist, ob du extravertiert oder introvertiert bist. Wenn du einen langen Tag auf der Arbeit hattest und viel mit Menschen in Terminen warst, würdest du dann abends lieber mit deinen Freunden noch in eine Bar gehen oder alleine zuhause sitzen? Ein extravertierter Mensch generiert Energie, wenn er mit anderen Menschen in Kontakt steht. Ein introvertierter Mensch generiert Energie, wenn er keinen Kontakt mit anderen Menschen hat. Das bedeutet nicht, dass er keine Menschen mag oder nicht sozial ist, sondern einfach nur, dass er immer wieder Zeit für sich braucht, um seine Gedanken und Gefühle zu sortieren.

Der zweite Bereich ist die Intuition oder Sensorik. Ein intuitives Verhalten bedeutet, sich auf seinen »sechsten Sinn« zu verlassen und auf Grund der Gegebenheiten den Zusammenhang zu interpretieren. Dieses Verhalten findet sich häufig bei Menschen mit großen kreativen Fähigkeiten. Ein sensorisches Verhalten hingegen bedeutet, die vorhandenen Informationen im Detail zu betrachten und logisch zu entscheiden. Das Verhalten ist sehr exakt und genau.

Der dritte Bereich ist die Art und Weise, Entscheidungen zu treffen. Hier gibt es grundsätzlich die Unterscheidung zwischen denkend und fühlend. Ich bin der festen Überzeugung, dass jede Entscheidung fühlend ist, allerdings stellt sich immer die Frage, wie viel wir darüber nachdenken. Eine durchdachte Entscheidung nutzt alle vorliegenden Informationen, um eine objektive Entscheidung zu treffen. Das dahinterliegende Wertesystem muss nicht zwangsläufig das eigene sein. So kann eine logische Entscheidung logisch im Sinne des Teams oder des Unternehmens sein, aber die eigenen Bedürfnisse hintanstellen. Eine emotionale Entscheidung wird auf der Basis des eigenen Wertesystems und der eigenen Bedürfnisse getroffen. Hier liegt der Fokus oftmals darauf, die beste Lösung für alle beteiligten Personen zu schaffen.

Der vierte Bereich ist der grundsätzliche Lebensstil. Hier wird unterschieden zwischen wahrnehmend und entschieden. Ein wahrnehmendes Verhalten zeigt sich oft dann, wenn Pläne sich auf Grund neuer Informationen verändern. Beispielsweise würde ein wahrnehmender Mensch bei starkem Regen seine geplante Wanderung einfach nicht durchführen und stattdessen ins Kino gehen, während ein entschiedener Mensch trotzdem wandern geht. Ein entschiedener Mensch bleibt bei seinem Plan und handelt systematisch. Falls der Plan unbedingt angepasst werden muss, tut er das natürlich, allerdings ungern.

Wenn ich als aktiver und fühlender Mensch eine neue Idee habe und mit Begeisterung ihre Vorteile präsentiere, dann spreche ich über 50 % der Menschen nicht an. Meine Erfahrung ist, dass meine Ideen (ich bin ein sehr aktiver und emotionaler Mensch) oft noch nicht zu Ende gedacht sind. Häufig sprudelt es aus mir heraus, und ich habe die Risiken und Herausforderungen noch nicht durchdacht. Sobald ich meine Idee allerdings mit Zahlen, Daten, Fakten ergänze und erkläre, warum und wie wir diese Idee umsetzen können, spreche ich auch den analytischen Menschentyp an.

Deine Kommunikation verbessert sich, sobald du auch die Sprache der anderen sprichst. Ein Mensch, der Entscheidungen fühlend trifft, braucht deine Energie und muss das Feuer spüren, um überzeugt zu werden. Die rational entscheidenden Menschen brauchen Zahlen, Daten und Fakten, um sich mit einer Entscheidung wohlzufühlen.

**Deine Kommunikation verbessert sich, sobald du auch die Sprache der anderen sprichst.**

Schau dir dein Umfeld an und überlege dir, wie sich deine Kollegen verhalten und welcher Persönlichkeit sie am meisten entsprechen. Sprich in der Sprache dieses Persönlichkeitstyps und begegne dem anderen auf Augenhöhe. Dadurch wird er dich wesentlich einfacher verstehen, und du kannst deine Kommunikation gezielt verbessern und stärken.

Eine Sache ist mir dabei wirklich wichtig. Nur ein Team, in dem alle Persönlichkeitstypen vertreten sind, kann wirklich Höchstleistungen erzielen. Jeder Mensch und jeder Persönlichkeitstyp ist gleich wertvoll! Es gibt in diesem Kontext kein Gut und kein Schlecht.

## Du triffst jeden Tag eine Entscheidung

Menschen haben die Eigenschaft, das Unbequeme erstmal zu meiden. Bis vor 5000 Jahren war es wesentlich einfacher, zu sterben, und unser Überlebensmechanismus ist tief in unserer DNA verankert. Zu verlieren bedeutete, von einem Tier verletzt oder getötet zu werden. Erschöpft zu sein bedeutete, nicht mehr für einen Kampf bereit zu sein und wahrscheinlich zu sterben. Wenn uns die Gruppe verstößt, sind wir allein, und unsere Überlebenschancen sinken signifikant.

Stell dir vor, dass du in einem Meeting mit zehn dir bekannten Kollegen sitzt. Auf einmal wirst du aufgefordert, eine Präsentation zu einem Thema zu halten, mit dem du dich nicht gut auskennst. Du wirst wahrscheinlich sofort eine gewisse Aufregung verspüren, deine Hände werden vielleicht feucht, und ein Fluchtreflex erfasst deinen Körper. In diesem Moment spüren wir die Angst vor sozialer Ausgrenzung. Drei Atemzüge später hast du dich beruhigt, stehst vor der Gruppe und fängst an, deine Präsentation zu halten.

In der heutigen Zeit ist die Wahrscheinlichkeit, getötet zu werden, verschwindend gering. Allerdings haben wir noch immer das »Kämpfen-oder-fliehen«-Gefühl. Jedes Mal, wenn wir uns für das Fliehen entscheiden, bleiben wir innerhalb unserer Komfortzone. Dieser Begriff umschreibt unsere eigenen Glaubensmuster darüber, was wir können und was wir nicht können – den Bereich, in dem wir uns wohlfühlen. Sie ist unser Ruhepol und gibt uns Energie. Nur: Wachstum findet innerhalb der Komfortzone nicht statt, denn du sammelst darin keine neuen Erfahrungen.

Die Welt verlangt von uns aber jeden Tag Wachstum, indem sie uns Aufgaben gibt, auf die wir reagieren müssen. Der Kollege, der seine Aufgabe nicht erledigt hat, die Bahn, die zu spät kommt, oder die Präsentation, die nicht gut vorbereitet ist.

**Die Welt verlangt von uns aber jeden Tag Wachstum, indem sie uns Aufgaben gibt, auf die wir reagieren müssen.**

Agilität bedeutet, dass wir die Grenzen unserer Komfortzone erkennen und sie bewusst überwinden. Zu dem Zeitpunkt, zu dem ich diese Zeilen schreibe, dusche ich seit 365 Tagen jeden Tag kalt. Am Anfang war es nur eine Wette mit einem Freund, aber nachdem ich damit angefangen hatte, habe ich nicht mehr aufgehört. Die Regeln sind simpel: Jeden Morgen nach dem Aufstehen stelle ich mich in die Dusche, atme kurz und tief ein und aus, drehe den Wasserhahn auf die kälteste Stufe und stelle das Wasser an. Dann bleibe ich drei bis fünf Minuten unter dem kalten Wasser stehen und dusche. Ehrlicherweise gibt es Tage, an denen ich ziemlich lange brauche, das Wasser zu starten. Es ist selbst nach einem Jahr immer noch wirklich kalt. Allerdings hat sich in meinem Kopf eine Sache grundlegend verändert: Das kalte Duschen ist angenehmer, als darauf zu warten, dass das Wasser kommt. Mit jeder Sekunde, in der ich mir vorstelle, dass es gleich kalt wird, wird es unangenehmer.

Im Job ist es oft genauso. Wir schieben unangenehme Themen von uns weg und bleiben in unserer Komfortzone. Allerdings ist das Verlassen der Komfortzone, indem man handelt, ein unglaublich befreiendes Gefühl, ausgelöst durch die vier Glückshormone Dopamin, Serotonin, Noradrenalin und Endorphin.

Jeden Morgen treffe ich erneut die Entscheidung, kalt zu duschen, und jedes Mal, wenn ich die Dusche verlasse, fühle ich mich gut und energiegeladen.

Wenn wir in Unternehmen anfangen, agiler zu arbeiten, und häufiger den Status quo hinterfragen, wird das am Anfang für viele von uns unangenehm sein. Trotzdem werden genau jene Menschen auch erleben, wie gut sich eine Veränderung anfühlen kann. Dafür ist es wichtig, in der Kommunikation transparent und ehrlich zu bleiben und darüber zu sprechen, warum wir die Komfortzone verlassen und einen neuen Weg gehen.

**Der Faktor Mensch ist immer entscheidend, wenn es um den Erfolg des Unternehmens geht.**

Der Faktor Mensch ist immer entscheidend, wenn es um den Erfolg des Unternehmens geht, und noch viel wichtiger, wenn es darum geht, dass es Spaß machen soll, miteinander zu arbeiten.

## Rituale

Jedes Unternehmen hat Rituale, die sich bereits auf Teamebene unterscheiden. So gehen zum Beispiel unterschiedliche Gruppen von Menschen zu unterschiedlichen Zeiten zum Mittagessen. Es gibt Gruppen, die sich mittags treffen, um Tischfußball zu spielen. Leute, die einen Spaziergang nach dem Essen machen. Und dann sind da natürlich die Kaffeeküchen, in denen wir uns regelmäßig treffen. All das sind Rituale, die von Unternehmen zu Unternehmen und von Team zu Team unterschiedlich sind. Trotzdem gibt es in einem Unternehmen immer ein Muster, das unternehmensweite Rituale beschreibt. Dieses Muster ist in jedem Unternehmen individuell und entsteht durch das Verhalten der Mitarbeiter.

Mit einem meiner Teams hatte ich ein Ritual, das unglaubliche Auswirkungen hatte. Es handelte sich um Musik. Musik steht für mich für Spaß und Energie. Wie oft läuft in deinem Büro Partymusik? Wie oft lacht ihr zusammen und habt einfach Spaß?

Wir hatten täglich um 11:45 Uhr ein Meeting, bei dem wir 15 Minuten lang darüber sprachen, was seit gestern passiert war, was wir heute machen wollten und wobei wir Hilfe brauchten. Das Team war am Anfang extrem unter Stress, und niemand wollte sich diese 15 Minuten nehmen.

Da Kommunikation allerdings in unserer Situation absolut entscheidend war, um dem Druck standzuhalten und unser Ergebnis zu produzieren, ließ ich mir etwas einfallen.

Wir saßen in einem Großraumbüro mit ca. 50 Personen. Das bedeutete, dass wir meistens versuchten, leise zu sein, und auch bei unserem täglichen Meeting war es immer wichtig, die anderen nicht zu stören. Bis an einem Dienstag um 11:44 Uhr auf einmal aus unserem Fernseher mit voller Lautstärke die Championsleague-Hymne tönte. Es gab viele verwirrte Blicke, und manche fragten, was das solle. Aber ich ließ die Hymne genau eine Minute lang laufen, und pünktlich um 11:45 Uhr begann unser Meeting.

Die ersten zwei Wochen war es merkwürdig, und die Menschen um uns herum fanden, dass »man das nicht macht« und dass Musik nicht ins Büro gehört. Aber allmählich veränderte sich die Situation. Dieses Ritual sorgte jeden Tag für ein Lächeln, und wir fühlten uns immer wie Gewinner. Musik hilft, gute Laune zu haben; und Musik abzuspielen, ist vollkommen in Ordnung. Wir müssen die Glaubenssätze aus unserem Kopf bekommen, dass wir im Büro ernst sein müssen und keinen Spaß haben dürfen. Dass acht Stunden Anwesenheit im Büro als Erfüllung der Arbeitszeit gilt.

Rituale wie dieses Lied oder eine gemeinsame Runde Tischkicker führen dazu, dass die Menschen gerne ins Büro kommen und dort mit Leidenschaft arbeiten oder die Kreativität signifikant steigt. Alle Hochleistungsteams haben gemeinsame Rituale.

**Alle Hochleistungsteams haben gemeinsame Rituale.**

## Menschlich sein

Wenn ich mir eine Eigenschaft aussuchen dürfte, die jede Führungskraft und jeder Mitarbeiter in meinem Unternehmen haben müsste, dann ist es Menschlichkeit. Darunter verstehen wir alle Eigenschaften und Fähigkeiten, die uns zu Menschen machen. Oft habe ich das Gefühl, dass es Menschen gibt, die ihre Gefühle, ihren Witz, ihren Ideenreichtum an der Bürotür abgeben und wie Roboter agieren.

Eine Geschichte hat mich nachhaltig beeindruckt. Ein sehr erfolgreiches S.W.A.T.-Team in den USA hatte mehr kritische Situationen gelöst als jedes andere Team in deren Bereich. An einem normalen Einsatztag war seine Aufgabe, ein Haus zu stürmen, in dem Waffen und Drogen vermutet wurden. Als sie das Haus stürmten, wurde es laut. Männer versuchten zu flüchten, Frauen lagen auf dem Boden, und Kinder standen wie gelähmt im Raum. Ein Mann versuchte, nach seiner Waffe zu greifen, aber in dem Moment hatte ihn schon ein S.W.A.T.-Mitglied gepackt und schrie: »Denk nicht mal dran!« Es war chaotisch, aber die Situation war unter Kontrolle. Der Anführer des Teams ging in die Küche. Dort stand sein Kollege David, ein großer, kräftig gebauter Mann mit einer unglaublichen Aura. Er war dabei, zwei Babyfläschchen aufzuwärmen. Wie konnte es sein, dass der männlichste Mann des ganzen Teams während des Einsatzes so etwas tat? Das Credo des Teams war »Menschlichkeit«, und er hatte erkannt, dass es notwendig war, den Frauen und Kindern die Angst zu nehmen und ihnen zu helfen. Als auch die Verdächtigen sahen, was er tat, entspannte sich die Situation und die Aggressivität ließ nach.

Ich bin der festen Überzeugung, dass unsere Gefühle und aufeinander aufzupassen ein elementarer Teil von erfolgreichen Unternehmen sind und uns dazu befähigen, großartige Ergebnisse zu erreichen.

## Den Fokus behalten

Es gibt drei Arten von Arbeit: die geplante, die ungeplante und die nicht getane Arbeit.

Unter geplante Arbeit fallen alle Dinge, bei denen du selbstbestimmt entscheidest, wann du diese erledigst. Unter ungeplante Arbeit fallen alle Dinge, bei denen du fremdbestimmt wirst. Wenn beispielsweise unvermittelt ein Kunde vor dir steht und eine Anpassung fordert, musst du darauf schnell reagieren.

Unter nicht getane Arbeit fallen alle Dinge, die unwichtig sind, keinen Mehrwert bringen und die du einfach nicht tun solltest. Beispielsweise die aufwendige Aufbereitung einer Präsentation für ein Meeting, die am Ende gar keine Rolle für die Entscheidung spielt. Etwas nicht zu tun, erfordert Mut. Du findest diese Dinge sowohl bei deinen geplanten als auch bei deinen ungeplanten Arbeiten. Um herauszufinden, wann du etwas nicht tun solltest, ist gesunder Menschenverstand notwendig.

**Etwas nicht zu tun, erfordert Mut.**

In diesem Moment bin ich dabei, eine geplante Arbeit durchzuführen. Ich schreibe das Kapitel dieses Buches mit dem klaren Ziel, dir etwas darüber zu erzählen, was fokussiertes Arbeiten für mich bedeutet. Während ich schreibe, gibt es unzählige Möglichkeiten, dass ich abgelenkt werde und ungeplante Arbeit entsteht. Beispielsweise könnte das Telefon klingeln und ein Kunde möchte mit mir sprechen. Oder ich bekomme eine wichtige E-Mail, auf die ich reagieren muss. Diese Ablenkung führt dazu, dass ich meinen Fokus verliere und mich nicht mehr auf das Schreiben des Buchs konzentriere. Damit mir das nicht passiert, habe ich mein Handy im »Nicht stören«-Modus und habe die Benachrichtigungen für neue E-Mails abgeschaltet. Ich beende zuerst fokussiert meine geplante Aufgabe. Um die Auswirkung von fokussiertem Arbeiten zu verdeutlichen, möchte ich dir die Geschichte eines Bootsbauers erzählen, der eine eigene Schiffswerft hat.

Stell dir vor, du hast drei Anlegeplätze und kannst drei Boote gleichzeitig in deine Werft holen und reparieren. Außerdem stehen dir drei Bootsbauer zur Verfügung. Eines Tages kommt einer deiner besten Kunden auf dich zu und sagt: »Drei Boote aus meiner Flotte haben einen Hagelschaden. Sie müssen schnellstmöglich wieder einsatzbereit sein.« Du erkennst relativ schnell, dass es sich dabei um ähnliche Schäden handelt und jede Reparatur drei Arbeitstage dauern wird. Du hast jetzt verschiedene Varianten, um deine Bootsbauer zu beauftragen.

Variante 1: Du lässt in jeden Bootsplatz ein Boot fahren, und jeder Mitarbeiter repariert ein Boot. Nach Tag 1 sind alle Boote zu 33 % fertig, nach Tag 2 zu 66 %, und am Ende von Tag 3 verlassen alle drei Boote deine Werft in tadellosem Zustand. **Der Kunde musste somit auf jedes Boot drei Tage warten.**

Variante 2: Du holst das erste Boot in deine Werft, und deine drei Mitarbeiter starten mit der Reparatur. Durch die gebündelte Arbeitskraft verlässt das Boot schon am Ende des ersten Tages die Werft. An Tag 2 reparieren deine Mitarbeiter das zweite Boot und an Tag 3 das dritte. Durch den Fokus deiner drei Mitarbeiter auf dasselbe Boot hast du ein Work-in-Progress-Limit von 1, das bedeutet, dass nie mehr als ein Boot zur selben Zeit repariert wird.

**Daraus resultiert, dass der Kunde auf das erste Boot nur einen Tag warten muss, auf das zweite Boot zwei Tage und auf das dritte Boot drei Tage.** Durch den gebündelten Fokus muss der Kunde nur sechs Tage warten. Wenn du dir nochmal Variante 1 anschaust, dann erkennst du, dass die Boote gemeinsam neun Tage repariert werden mussten. Dein Kunde hat insgesamt drei Tage Wartezeit gespart.

Wenn du ein Umfeld schaffen willst, in dem Hochleistung entsteht und Menschen ihr Potenzial ausschöpfen, dann sollte es möglich sein, selbstbestimmt und fokussiert zu arbeiten.

## Die richtigen Informationen sammeln

Bei der Geschichte unseres Bootsbauers ist es ganz einfach, den Zeitgewinn durch Fokussierung zu messen. Aber wie messen wir die Umsetzung der Unternehmensvision oder den Erfolg des Unternehmens? Messen wir in Geld oder in Kundenbewertungen? Oder messen wir, wie glücklich die Mitarbeiter in ihrem Job sind? Auch Nachhaltigkeit und der positive Einfluss auf unsere Gesellschaft könnten wir messen.

> **»Was du nicht messen kannst, kannst du nicht lenken.«**

Der US-amerikanische Ökonom und Pionier der Managementtheorie Peter Drucker sagte: »Was du nicht messen kannst, kannst du nicht lenken.« Ich stimme ihm vollkommen zu. Wir suchen oft nach Orientierung und einer Richtung, in die wir uns entwickeln können. Daher ist es wichtig, regelmäßig zu überprüfen, ob wir uns noch auf dem richtigen Weg befinden. Wenn in deinen Unternehmenswerten das Thema Nachhaltigkeit wichtig ist, könnt ihr beispielsweise messen, wie ökologisch eure Dienstreisen sind.

Den Fortschritt zu messen führt dazu, dass wir uns und unser Unternehmen steuern können. Wenn wir jeden Tag an den Dingen arbeiten, die für die Mitarbeiter, die Kunden und somit das Unternehmen den meisten Mehrwert bringen, wird sich das Unternehmen vermutlich gut entwickeln. Zu messen hilft uns, Transparenz zu schaffen, ob wir fokussiert an unseren Zielen und im Sinne unserer Werte arbeiten. Das Schwierige daran, so etwas zu messen, ist, dass du zunächst deine eigenen Kennzahlen finden und entwickeln musst. Es ist leicht, Umsatz oder Produktbewertungen zu messen, aber bringen diese Kennzahlen dich weiter? Wäre es nicht viel spannender, herauszufinden, wie hoch die Zufriedenheit deiner Mitarbeiter oder Kollegen ist? Wie du den Erfolg deines Unternehmens misst, musst du individuell für dich festlegen. Für mich bedeutet Erfolg, dass mein Unternehmen einen Rahmen bietet, in dem Menschen ihr volles Potenzial ausschöpfen und Spaß haben können. Durch das freigesetzte Potenzial entsteht eine Dienstleistung oder ein Produkt, das einen Mehrwert für andere Menschen bietet, und deshalb sind diese auch bereit, dafür Geld zu bezahlen. Mit diesem Geld können wir dann wiederum den Rahmen unseres Unternehmens stärken, neue Mitarbeiter einstellen und weiter im unendlichen Spiel bleiben.

**Das Warum des Unternehmens und der Mitarbeiter ist der Treibstoff und die Energie.**

Damit wir dieses Potenzial nutzen können, brauchen wir gemeinsame Ziele. Das Warum des Unternehmens und der Mitarbeiter ist der Treibstoff und die Energie. Diese führen zu Aktionen, und diese Aktionen sollten zielgerichtet sein, damit sie das Warum erfüllen können.

Ich habe über die Jahre viele gute Erfahrungen mit der Managementmethode Objectives and Key Results (OKR) gemacht, die von John Doer entwickelt und 1999 bei Google eingeführt wurde. Mittlerweile ist diese Methode weit verbreitet und wird u. a. von Intel, Adobe, MyFitnessPal, Bono (dem Sänger von U2) und der Gates Foundation benutzt. Das Ziel ist es, den Output des Unternehmens zu messen, indem es eine kontinuierliche Fokussierung und Ausrichtung des Unternehmens auf Ziele gibt, die dann verfolgt und erreicht werden. Wichtig ist hierbei, dass diese Ziele so ambitioniert sind, dass sich jeder im Unternehmen einbringen muss, um sie zu erreichen.

Das Objective beschreibt immer, was wir erreichen wollen, also das Ziel. Die Key Results beschreiben, wie wir messen können, ob wir das Ziel erreicht haben. Es werden pro Quartal immer drei bis vier Objectives auf Unternehmensebene festgelegt, die jeweils drei bis fünf Key Results haben. Der Zeitraum, in dem die Key Results eines Objective erreicht werden, beträgt drei Monate.

Ein einfaches Beispiel ist mein erstes OKR zur Gründung meiner eigenen Firma. Ich wollte meine Social-Media-Präsenz vergrößern und einen Mehrwert für meine Community generieren.

**Das Objective** lautete: Wir entwickeln eine Definition für die »agile Organisation« und verbreiten diese.

**Die Key Results** waren:

- Buch zum Thema agile Organisation mit 40 000 Wörtern geschrieben
- Onlinekurs konzipiert und 8-mal verkauft
- 500 neue Abonnenten auf YouTube
- 2 YouTube-Videos pro Woche auf Fabians Account über Agilität
- Mailingliste mit 1000 E-Mail-Adressen aufgebaut

Jedes Key Result muss per Definition eine Zahl enthalten.

Das Objective wird über die Definition der Key Results spezifiziert. Es ist erreicht, wenn alle Key Results erreicht sind. Die Definition der agilen Organisation ist mit dem Schreiben der Rohfassung des Textes erfolgt. Die Verbreitung geschieht über die Mailingliste und YouTube.

Da jedes Key Result eine Zahl enthält, kann jederzeit gemessen werden, ob das Ziel erreicht ist. Für mich ist dieses Ziel sehr attraktiv, und ich verfolge es mit Leidenschaft, da es auf mein Warum einzahlt. Durch die Definition, dass ein OKR immer für ein Quartal gilt, ist das Ziel zugleich terminiert.

Es lässt sich darüber streiten, ob das Ziel realistisch ist. Der Anspruch eines OKR ist allerdings immer, dass wir uns strecken. Wenn du die Aufgabe hast, ein Buch in acht Stunden zu lesen und die Kernmessage herauszuarbeiten, dann wirst du dieses Ziel wahrscheinlich erreichen. Wenn du stattdessen nur zwei Stunden Zeit hast, wirst du das Ziel wahrscheinlich ebenfalls erreichen. Falls du aber drei Stunden brauchst, hast du trotzdem eine signifikante Zeitersparnis erreicht.

Google definiert das Erreichen des Ziels so, dass ein OKR ab 70 % Erreichen der Key Results als erreicht gilt. Zwischen 40 und 60 % bedeutet, dass es ein Problem gab und darüber gesprochen werden muss, warum das OKR nicht erreicht wurde. Unter 40 % bedeutet, dass das OKR nicht verfolgt wurde und die Priorisierung und Sinnhaftigkeit hinterfragt werden müssen.

Wichtig ist, dass OKRs immer klar beschrieben sind, sodass auch eine fremde Person sofort versteht, wann das Key Result erreicht ist.

**Studien zeigen, dass operative Mitarbeiter aufblühen, wenn sie sehen können, dass ihre Arbeit an den Gesamtzielen des Unternehmens ausgerichtet ist und darauf einzahlt.**

Als Best Practice hat sich erwiesen, dass die Geschäftsführung bzw. der Vorstand zuerst die OKRs des Unternehmens definieren, die die geplanten Ergebnisse für die nächsten drei Monaten beschreiben. Danach leiten sie ihre persönlichen OKRs von den Unternehmens-OKRs ab und diskutieren mit ihrer ersten Ebene (allen direkten Managern, die an die Geschäftsführung berichten), die OKRs davon ableiten können. Während in den meisten klassischen Organisationen die Ziele der Geschäftsführer und Vorstände für die operativ arbeitenden Mitarbeiter nicht transparent und messbar sind, stellen herausragende Organisationen genau diese Transparenz her. Studien zeigen, dass operative Mitarbeiter aufblühen, wenn sie sehen können, dass ihre Arbeit an den Gesamtzielen des Unternehmens ausgerichtet ist und darauf einzahlt.

Jetzt sind alle Mitarbeiter und deren Teamleiter dafür verantwortlich, zu überlegen, welchen Beitrag sie zu den Unternehmens-OKRs leisten können. Jeder entwickelt auf Basis dieser Überlegungen seine eigenen OKRs und macht diese ebenfalls transparent. Da der Prozess des Reviews der OKRs und der Planung neuer OKRs immer zum gleichen Zeitpunkt (meistens Quartalsbeginn) stattfindet, können Teams sich leicht in dieser Zeit abstimmen, da sie sehen, welche OKRs in ihren Nachbarabteilungen und von ihren Kollegen festgelegt werden. So lassen sich schnell Synergien finden und nutzen.

Die Erfahrungen des vergangenen Quartals miteinzubeziehen ist ebenfalls von elementarer Bedeutung. Wenn ein OKR zum Beispiel zu 70 % erreicht wurde, kann es Sinn ergeben, es um neue Key Results zu erweitern und weiterzuverfolgen.

Wichtig ist, dass die Erarbeitung der OKRs immer mit dem Gedanken geschieht, möglichst viele Synergien zu schaffen. Das gesamte Unternehmen beschäftigt sich damit, wie es den größtmöglichen Mehrwert zum Erreichen der Unternehmensziele beitragen kann.

Nachdem die OKRs festgelegt sind, beginnt die Arbeit an den und für die OKRs. Da die Richtung und die zu liefernden Ergebnisse klar sind, kann jeder Mitarbeiter sein volles Potenzial nutzen, um die Ziele zu erreichen.

Das Unternehmen plant somit vier Mal im Jahr, welche Ergebnisse im Rahmen der Strategie als Nächstes umgesetzt werden sollen und wie sie gemessen werden. Durch die wöchentliche Überprüfung des Fortschritts bei den einzelnen Key Results ist jederzeit transparent, wie gut das Unternehmen vorankommt.

Erinnere dich an die Geschichte von Intel, die ich am Anfang des Buches erzählt habe. Dort sagte ein Außendiensttechniker zu seinem Vorgesetzten: »Ihr da oben versteht nicht, was am Markt passiert.« Innerhalb von zwei Wochen war das Unternehmen von Grund auf neu ausgerichtet. Diese Neuausrichtung war nur möglich, weil es neue und klar definierte OKRs gab, auf die das Unternehmen ausgerichtet war. Die Mitarbeiter dort waren es gewohnt, sich zu fokussieren und ihr Handeln auf den Erfolg des Unternehmens auszurichten.

Objectives and Key Results sind eine einfache Methode, Ergebnisse festzulegen und zu messen, ob sie erreicht werden. Sie betrachten allerdings hauptsächlich die tägliche Arbeit. Genauso wichtig ist es aber, beispielsweise Finanzkennzahlen festzulegen und zu messen.

Je mehr qualitativ hochwertige Metriken es in einem Unternehmen gibt, desto leichter wird es, das Unternehmen zu steuern. Ich warne allerdings ausdrücklich davor, dem Messen einen zu hohen Stellenwert zu geben. Denn dadurch entstehen neue Grenzen. Wenn wir denken, dass wir ein bestimmtes Ziel erreichen müssen, dann werden wir auch daran arbeiten, es zu erreichen. Das schränkt die Kreativität ein. Hier gibt es kein Schwarz oder Weiß. Die Herausforderung ist es, den richtigen Mittelweg zu finden.

Wenn wir etwas messen, dann muss es einen bestimmten Grund haben und den Menschen in unserem Unternehmen einen Mehrwert bringen. Ein Ziel darf immer nur ein Meilenstein auf dem Weg zu etwas Größerem sein. Das Warum des Unternehmens bleibt der Dreh- und Angelpunkt und ist immer der Antrieb, selbst wenn ein Ziel erreicht wurde.

## Geschwindigkeit durch kurze Zyklen

Nun wird es Zeit, dass wir uns mit den Ergebnissen beschäftigen und damit, wie sie erreicht werden. Da Objectives immer auf einen Zeitraum von drei Monaten ausgelegt sind, stellt sich die Frage, wie wir innerhalb dieser drei Monate den Fokus erhalten und im Idealfall jeden Tag ein Teilergebnis liefern.

Ich habe sehr gute Erfahrungen damit gemacht, Elemente der Methode Scrum zu verwenden. Dabei ist mir die Betonung auf *Elemente* wichtig. Die ideale Arbeitsweise ist die, die am besten zu dir passt. Das bedeutet, dass du, dein Team und dein Unternehmen regelmäßig hinterfragen müsst, ob eure Arbeitsweise noch zu euch passt oder ihr etwas verbessern könnt.

**Wer kein Ziel hat, tut sich schwer, in die richtige Richtung zu laufen.**

Scrum bietet einen einfachen methodischen Rahmen, mit dem du anfangen kannst. Es gibt gute Dokumentationen, Anleitungen und Videos, sodass du sehr schnell erste Erfahrungen sammeln kannst. Wichtig ist immer, dass das zu liefernde Ergebnis klar ist. Wer kein Ziel hat, tut sich schwer, in die richtige Richtung zu laufen.

Die grundlegende Definition dieses Frameworks wurde in Form des »Scrum Guide« von Ken Schwaber und Jeff Sutherland entwickelt. Dieses neunzehnseitige Dokument beinhaltet die grundlegenden Spielregeln für Scrum. Wenn du dieses Dokument kennst, weißt du alles, was notwendig ist, um Scrum erfolgreich anzuwenden. Die Methode selbst ist sehr leichtgewichtig und einfach zu verstehen. Es gibt ganz klare Regeln, die immer eingehalten werden müssen. Scrum aber wirklich zu meistern und erfolgreich einzusetzen, wird viele Iterationen dauern und ist alles andere als einfach.

Eine besondere Bedeutung hat in Scrum das Thema Timeboxing, denn jedes Ereignis in Scrum hat eine bestimmte Dauer, die als ideal gilt. Der normale Scrum-Zyklus beträgt vier Wochen, in denen ein Sprint durchgeführt wird, der als Ergebnis ein Inkrement produziert. Das Inkrement ist beispielsweise ein Teilergebnis eines Key Result aus deinem OKR. Je nach Team sind auch Zwei- oder Drei-Wochen-Sprints normal. Während Termine wie eine Retrospektive oder ein Planning bei einem vierwöchigen Sprint vier Stunden dauern, werden sie bei einem zweiwöchigen Sprint auf zwei Stunden halbiert. Dies gilt für alle Ereignisse.

**Nur wenn wir lernen, die Dinge auf den Punkt zu bringen, können wir erfolgreich arbeiten.**

Bei allen Ereignissen ist es wichtig, die entsprechende zeitliche Vorgabe einzuhalten. Nur wenn wir konsequent lernen, die Dinge auf den Punkt zu bringen und uns präzise auszudrücken, können wir erfolgreich arbeiten. Beispielsweise beim Daily Scrum, in dem das gesamte Team zusammenkommt, um pro Person drei Fragen zu beantworten: »Was habe ich gestern gemacht?«, »Was mache ich heute?« und »Wobei brauche ich Hilfe?«. Hier sind nur die Informationen relevant, die fürs Team relevant sind. Dieses Meeting dauert 15 Minuten, und bei acht Leuten bedeutet das, dass niemand länger als zwei Minuten sprechen darf.

Der Vorteil des Arbeitens in kurzen Zyklen ist, dass es immer schnell Feedback vom Kunden (also aus der »Realität«) gibt. Dieses kann direkt übernommen und eingearbeitet werden.

In der Softwareentwicklung und in Projekten ist statistisch bewiesen, dass ein Fehler oder eine Änderung kurz vor Projektende signifikant teurer ist als zu Projektanfang. Das liegt daran, dass Phasen wie Planung, Konzeption, Entwicklung, Test, Abschluss nacheinander durchlaufen werden und die Ressourcen darauf ausgelegt sind.

Wenn ich allerdings ein festes Team habe, das diesen Zyklus innerhalb von zwei Wochen durchlaufen kann, dann kann ich auch wesentlich flexibler auf Anforderungen reagieren. Da ich mich in einem unendlichen Spiel befinde und dieses erst zu Ende ist, wenn ich mich dafür entscheide, meine Ressourcen für ein anderes Spiel zu verwenden, gibt es auch keine »späten« Anforderungen. Der Markt verändert sich kontinuierlich, und das tun auch die Anforderungen der Kunden.

Wenn du beispielsweise eine neue App auf dein Smartphone lädst und dort einen Fehler findest, dann gibst du vielleicht eine schlechte Bewertung ab und benennst den Fehler. Ein gutes Produktteam würde direkt analysieren, wie viele Menschen von diesem Fehler betroffen sind und wie hoch die Auswirkung ist (auf die Reputation und monetär). Abhängig davon würde es den Fehler vielleicht innerhalb von zwei Tagen beheben. Damit würden nicht noch mehr Kunden die App schlecht bewerten, und deine App würde sofort besser funktionieren.

Änderungen, die durch den Kunden und den Markt passieren, sind immer in Ordnung, und wir sollten uns freuen, dass wir Feedback erhalten.

Das Arbeiten in kurzen Zyklen führt dazu, dass sich ein Team irgendwann auf eine bestimmte Geschwindigkeit einpendelt. Dies ist die für genau dieses Team ideale Geschwindigkeit, und sie ist gut messbar.

Ich möchte dir das am Beispiel einer meiner Leidenschaften verdeutlichen: Ich liebe die Formel 1 und den Motorsport. Jedes Rennen in der Formel 1 ist ein endliches Spiel. Es gibt klare Regeln, die besagen, wann ein Fahrer die Weltmeisterschaft gewonnen hat. Das Spiel geht immer über ein Jahr, bevor es neu gestartet wird und ein neuer Fahrer gewinnen und Weltmeister werden kann. Um am Ende die ganze Saison zu gewinnen, muss der Fahrer mehr Punkte haben als seine Konkurrenten. Manchmal ergibt es mehr Sinn, in einem Rennen nur Zweiter zu werden und den Motor zu schonen, anstatt auf 100 % Leistungsfähigkeit zu fahren und dafür im nächsten Rennen einen Motorschaden in Kauf zu nehmen.

Die ideale Auslastung eines Menschen oder eines Teams zu bestimmen, ist hierbei immer eine ganz individuelle Angelegenheit. Die Erfahrung von Google zeigt allerdings, dass es ausreicht, 80 % der Zeit zu verplanen und 20 % zur Erholung zu nutzen. Damit ist jedoch nicht gemeint, dass es mehr Urlaub oder Freizeit gibt, sondern dass gezielt Aktivitäten genutzt werden, die den Energiespeicher der Menschen wieder auffüllen. Das kann zum Beispiel das Lesen eines Buchs oder der Besuch einer Veranstaltung sein. Vielleicht ist es eine Retrospektive oder ein Tag, an dem das Team gemeinsam »spielt« und seine Beziehung verbessert. Da wir uns in einem unendlichen Spiel befinden, müssen wir immer in der Lage sein, eine Leistung zu erbringen, die uns im Spiel bleiben lässt.

**Da wir uns in einem unendlichen Spiel befinden, müssen wir immer in der Lage sein, eine Leistung zu erbringen, die uns im Spiel bleiben lässt.**

Das Gleiche passiert in der Formel 1. Während eine Saison ein endliches Spiel ist, ist die Formel 1 selbst ein unendliches Spiel. Hersteller wie Mercedes oder Ferrari sind seit vielen Jahrzehnten aktive Teilnehmer der Formel 1, und fast jedes Jahr verändern sich die Regeln, die Autos oder auch die Fahrer. Die Teams müssen in der Lage sein, kontinuierlich auf Veränderungen zu reagieren, und sich immer wieder verbessern. Während einer Saison gibt es ungefähr alle zwei Wochen ein Rennen an einem anderen Ort. Das bedeutet, dass ein Formel-1-Team zwischen den Rennen ungefähr zwei Wochen Zeit hat, um das vergangene Rennen zu reflektieren und aus den neuen Erfahrungen Verbesserungen abzuleiten. Das gewünschte Ergebnis ist immer klar, es geht darum, das Rennen zu gewinnen. Da jedes Team dieses Ergebnis für sich definiert hat und sich von Rennen zu Rennen weiterentwickelt, können jederzeit Innovationen entstehen, die die Leistung eines Teams von heute auf morgen verändern.

Je bewusster dir ist, in welchem Spielfeld du dich gerade bewegst, desto leichter wird es dir fallen, die richtigen Entscheidungen zu treffen. Wenn wir 40 Stunden pro Woche als 100 % Leistung ansehen, dann könnte es sein, dass das Team beispielsweise vor einem Produktlaunch 48 Stunden pro Woche arbeitet, was 140 % wären. Nach dem Launch sollte es dann eine Erholungsphase geben, sodass die Performance im Mittel gleichbleibend hoch ist.

**In kurzen Zyklen zu arbeiten, hat den Vorteil, dass wir fokussiert und schnell Ergebnisse produzieren.**

In kurzen Zyklen zu arbeiten, hat den Vorteil, dass wir fokussiert und schnell Ergebnisse produzieren, diese wiederum am Markt erproben können und per Kundenfeedback wissen, ob wir den Kunden einen Mehrwert liefern. Dabei ist es wichtig, dass wir in einer Geschwindigkeit und Auslastung arbeiten, die dazu führt, dass wir unsere eigenen Potenziale nutzen können. Zu lange in Überlastung zu arbeiten, führt zwangsläufig zu schlechteren Ergebnissen.

## Regelmäßiges Reflektieren und Verbessern

Methoden wie Scrum oder Kanban enthalten regelmäßige Timeslots zur Reflexion des vergangenen Zeitraums, in denen das Team seinen Prozess verbessern und Probleme beseitigen kann. Der Fokus liegt hier klar auf dem Team und der Zusammenarbeit.

Die kleinste Einheit des Teams ist der Mensch, und keine Methode plant bewusst Zeit ein, in der jemand für sich selbst Zeit zur Reflexion hat. In agilen Organisationen hat jeder Mitarbeiter den Freiraum, sich persönlich zu entwickeln, im Idealfall mit seiner Führungskraft als Coach.

Doch warum sollten wir uns selbst reflektieren, und was bedeutet das überhaupt?

Wir haben ungefähr 60 000 Gedanken am Tag und bewerten diese. Bewerten bedeutet, dass wir abhängig von unserem Wertesystem und unseren Denkmustern (Glaubenssätzen) entscheiden, ob ein Gedanke gut oder schlecht ist. Du kennst diese Situation bestimmt noch aus der Schule. Die nächste Mathematikklausur steht vor der Tür, und du bist am Lernen. Aber irgendwie ergibt heute alles keinen Sinn, und du kommst bei keiner Aufgabe auf die Lösung. Die Gedanken, die dann kommen, lauten häufig: Ich kann das nicht. Ich bin zu blöd dafür. Mathe ist einfach nicht mein Ding.

Diese Selbstzweifel führen dazu, dass wir immer wieder hinterfragen, ob wir etwas überhaupt können, und dies schafft Angst vor der Herausforderung. Die Angst ist allerdings gar nicht real, sondern existiert nur in unserem Kopf. Manchmal fängt es schon mit ganz unbedeutenden Situationen an. Du fängst an, eine Präsentation zu halten. In deinem Kopf tauchen sofort Fragen auf: Was ist, wenn ich mich verspreche? Oder einen Blackout habe? Oder das Thema niemanden interessiert? Bin ich gut genug vorbereitet? Selbstzweifel sind unglaublich zerstörerisch und bringen dir keinerlei Mehrwert.

Häufig gab es eine Situation in unserer Jugend, die uns sehr geprägt hat. Mein Großvater, mittlerweile 86 Jahre alt, hat mir folgende Geschichte erzählt: Als er noch sehr jung war, vielleicht acht Jahre alt, musste er einem Nachbarn bei der Reparatur einer Maschine helfen. Er machte einen Fehler, was seiner fehlenden Erfahrung geschuldet war und für den er erstmal nichts konnte. Daraufhin sagte der Nachbar zu ihm: »Aus dir wird nie etwas werden.«

Fast 80 Jahre später erzählte er mir diese Geschichte, und ich hörte an seiner Stimme, wie sehr ihn das getroffen hatte. In seinem Leben hat er eine erfolgreiche Schreinerei aufgebaut und über 30 Jahre lang geleitet. Er hat zwei Töchter und sechs Enkel. Jeden Sonntag spielt er Bingo, und er liebt die Formel 1. Er hat sich ein tolles und erfolgreiches Leben aufgebaut, und trotzdem kann er sich an diesen einen Satz erinnern, als wäre es gestern gewesen: »Aus dir wird nie etwas werden.«

**Wenn du in deinem Leben erfolgreich sein willst, dann musst du erkennen, wie wertvoll du bist.**

Wenn du in deinem Leben – und das ist für mich unabhängig von der Agilität – erfolgreich sein willst, dann musst du erkennen, wie wertvoll du bist, auch wenn dir jemand etwas anderes weismachen will. Erfolg ist dabei das, was du als Erfolg definierst. Für mich ist es, glücklich und selbstbestimmt zu sein.

Jedes Unternehmen besteht aus Menschen, die 40 Stunden ihrer wertvollen Zeit gemeinsam mit anderen Menschen in diesem Unternehmen verbringen. Sich gegenseitig zu stärken, miteinander Glaubensmuster aufzudecken und zu verändern und gemeinsam zu wachsen, kann unglaublich viel Spaß und Lebensfreude bereiten. Das Resultat sind kreative Ideen, tolle Innovationen und zufriedene Kunden.

Ich bin der festen Überzeugung, dass Selbstreflexion die Basis für jede gute Retrospektive als Team ist. Scrum gibt beispielsweise vor, dass sich das Team in jedem Sprint einmal treffen muss, um gemeinsam Optimierungspotenziale zu finden und konkrete Schritte zur Verbesserung der Zusammenarbeit zu definieren.

Dabei hat jede Retrospektive die gleiche Struktur. Im ersten Schritt wird ein sogenannter Check-in durchgeführt, um ein positives Gesprächsklima zu schaffen. In meiner letzten Retrospektive habe ich jeden aus dem Team gefragt, wie er sich gerade fühlt. Wenn wir einen geschützten Rahmen aufbauen wollen, aber einer mit dem Kopf noch im letzten Meeting steckt und ein anderer gerade Streit mit seiner Freundin hat, dann sind diese beiden gerade nicht mit ihrem vollen Fokus beim Team. Indem wir über unsere Gefühle sprechen, wird jedem bewusst, wie es dem anderen gerade geht und was ihn gerade beschäftigt. Dadurch entsteht ein Zusammengehörigkeitsgefühl.

Danach habe mir drei Ecken im Raum gesucht und das Team gefragt, wie gut unsere aktuelle Arbeitsmethodik ist, von »geht nicht besser« über »naja, okay« bis »wir haben Redebedarf«. Dadurch konnte jeder schnell erkennen, wo sich das Team einordnet und dass unsere Retro auf jeden Fall berechtigt ist.

Das Ziel des ersten Schrittes ist also, für die Retrospektive einen Rahmen des Vertrauens zu schaffen.

Im zweiten Schritt sammelt das Team Themen, über die diskutiert werden kann. Hier gibt es vielfältige kreative Möglichkeiten. Ich male gerne ein Boot auf ein Flipchart und frage das Team, welche Themen wie ein Anker und welche wie ein Segel wirken. Hier gilt ganz klar das Motto, dass jeder Punkt, den jemand einbringt, valide ist. Es gibt kein Richtig oder Falsch. Wichtig ist, die Themen am Ende zu clustern, sodass alle Duplikate entfernt werden. Die Themen, die das Team beschleunigen, sollten kurz gewürdigt werden. Das Verbesserungspotenzial liegt allerdings in dem, was wie ein Anker wirkt.

Im dritten Schritt teilt sich das Team auf und fängt an, darüber zu sprechen, warum dieser Anker vorhanden ist und welche Möglichkeiten es gibt, ihn zu beseitigen. Dafür könnte beispielsweise fünfmal die Warum-Frage gestellt werden. Durch diese oder auch andere Techniken soll das Team die Ursache seiner Blockade herausfinden und einen konkreten Schritt daraus ableiten, der das Problem beseitigt.

Im vierten Schritt werden diese Schritte innerhalb des Teams vorgestellt und priorisiert. Beispielsweise kann jeder aus dem Team drei Stimmen haben. Die beiden Probleme samt Lösungen, die am Höchsten priorisiert werden, löst das Team im nächsten Zyklus auf.

Wenn du alle zwei Wochen eine Retrospektive durchführst und jedes Mal zwei Probleme erkennst, eine Lösung erarbeitest und diese danach umsetzt, werden sich die Geschwindigkeit und der Zusammenhalt des Teams zwangsläufig erhöhen. Die meisten Verbesserungen sind Veränderungen von Glaubensmustern und Gewohnheiten der einzelnen Teammitglieder. Daher kann es mehrere Zyklen und damit Wochen dauern, bis ein Problem wirklich nachhaltig gelöst ist.

Zum Abschluss der Retro erfolgt ein Check-out. Du könntest beispielsweise wieder drei Ecken bilden und das Team sich aufteilen lassen. In die eine Ecke stellen sich alle, die die Retro sehr gut und produktiv fanden, in die andere Ecke die, die sie okay fanden, und in die dritte Ecke alle aus dem Team, die finden, sie hätten ihre Zeit besser nutzen können.

**»Wenn ich acht Stunden habe, um einen Baum zu fällen, schärfe ich sechs Stunden lang die Axt.«**

Abraham Lincoln hat einmal gesagt: »Wenn ich acht Stunden habe, um einen Baum zu fällen, schärfe ich sechs Stunden lang die Axt.« Dieses sinnbildliche Schärfen der Axt bedeutet für uns, dass wir aus der Vergangenheit lernen und uns verbessern. Dafür braucht es bewusste Zeiträume, in denen das Team eine Pause von der täglichen Arbeit macht und das Schärfen der Axt im Vordergrund steht. Bei Google dürfen Mitarbeiter beispielsweise jeden Freitag an Dingen arbeiten, die sie interessieren. Die OKRs werden praktisch nur von Montag bis Donnerstag verfolgt. Interessanterweise sind die größten Innovationen, die Google erreicht hat, wie beispielsweise der E-Mail-Dienst Gmail oder der Videokonferenz- und Instant-Messaging-Dienst Google Hangouts, ausgerechnet in dieser »Freizeit« entstanden.

Um die Arbeitsweise von kurzen Zyklen und kontinuierlicher Verbesserung noch einmal zusammenzufassen, stell dir folgende Situation vor:

Du bist gerade mitten in der Eröffnung eines neuen Restaurants und entwickelst die Speisekarte. Du schreibst eine Liste mit 20 Gerichten, von denen du weißt, dass diese gut zu deinem Restaurant passen würden.

Voller Freude fährst du zum Großmarkt, um die Zutaten für die Gerichte zu besorgen. Dort fällt dir relativ schnell auf, dass die Zutaten eines der Gerichte so teuer sind, dass es sich für dich wirtschaftlich nicht lohnen würde, diese zu kaufen, da du das Gericht zu teuer anbieten müsstest. Du streichst das Gericht von deiner Liste und suchst nach den Zutaten für die anderen Gerichte. Nach langem Suchen hast du fast alles gefunden, doch für das letzte Gericht gibt es mehrere Zutaten nicht. Auch dieses musst du von deiner Liste streichen. Mit den Zutaten für die 18 Gerichte kommst du nun zu deinem Koch, der dir eröffnet, dass er zwei Gerichte nicht kochen kann. Die anderen 16 Gerichte kocht er zur Probe. Deine Testgäste probieren alles und verkünden, dass 12 dieser Gerichte sehr gut sind.

Du hast in einem klassischen Wasserfallansatz deine Gerichte erstellt und eine Speisekarte mit 16 Gerichten, von denen nur 12 einen Wert für deine Kunden haben.

Die zweite Variante wäre, dass du gemeinsam mit deinem Koch und einer Gruppe von Gästen überlegst, welche Gerichte sich eignen. Danach kauft ihr die Zutaten für das erste Gericht, der Koch bereitet es zu und probiert es gemeinsam mit den Gästen. Wenn das Gericht gut ist, kommt es auf die Speisekarte. Danach tust du das Gleiche mit dem zweiten Gericht, bis du deine Karte voll hast.

Bei dieser Variante haben Koch und Testgäste von Anfang an die Möglichkeit, ihre Wünsche mitzuteilen. Wahrscheinlich hast du am Ende genauso lange oder ein bisschen länger gebraucht, um deine Speisekarte zu erstellen. Allerdings sind nun von vornherein 100 % der Gerichte auf der Karte gut und gefallen deinen Kunden.

Trotz der gleichen Ausgangssituation und des gleichen Ziels, einer Speisekarte mit 20 Gerichten, ist das Ergebnis des zweiten Weges qualitativ viel hochwertiger, da wir nun 20 Gerichte haben, die rentabel sind und zu deinem Koch und zu deinen Gästen passen. Der Weg, wie wir zu diesem Ergebnis gekommen sind, ist vollkommen anders. Das ist der methodische Unterschied zwischen einem klassischen und einem agilen Ansatz.

## Veränderungen bewusst gestalten

**Das Schwierige ist, einfach mal loszulassen, die Veränderung anzunehmen und die gewohnten Muster zu verlassen.**

Mit jeder Reflexion, mit jeder Erfahrung und mit jeder neuen Idee ergeben sich neue Möglichkeiten. Das Schwierige dabei ist, einfach mal loszulassen, die Veränderung anzunehmen und die gewohnten Muster zu verlassen. Im Geschäftsleben entstehen durch die Digitalisierung täglich neue mögliche Geschäftsmodelle, und dabei fällt mir eine Sache immer wieder auf: Die Geschwindigkeit und der Druck, sich verändern zu müssen, führen dazu, dass wir Menschen und Unternehmen überfordern. Es fehlt an Orientierung und Klarheit. Solange wir diese nicht haben, machen wir unseren Job genauso wie bisher. Wir beginnen erst dann, eine Gewohnheit zu verändern, wenn wir genau wissen, wie diese neue Gewohnheit sein wird. Dabei handelt es sich oftmals nur um Kleinigkeiten.

Am Beispiel der Digitalisierung bedeutet es im ersten Schritt, einen analogen, von Menschen ausgeführten Prozess zu einem computergestützten Prozess umzubauen. Beispielsweise könntest du statt einer handschriftlichen Einkaufsliste eine App benutzen oder statt aufs Amt zu gehen deinen Reisepass online beantragen und per Post zugesendet bekommen.

Auch eine agile Methode wie Kanban, die uns dabei hilft, unsere Arbeit besser zu managen, könnten wir mit einem entsprechenden digitalen Tool abbilden. Typischerweise wird Kanban mit Klebezetteln an einer großen Wand durchgeführt. Der Vorteil eines digitalen Tools wäre, dass wir den Status einer Aufgabe unbegrenzt kommentieren könnten, denn so ein Klebezettel ist schnell vollgeschrieben. Auch könnten wir automatisierte Arbeitsabläufe einrichten. Beispielsweise wird in unserem Unternehmen jede erledigte Aufgabe in einem Gruppenchat gepostet. So sieht jeder direkt, was erledigt wurde, kennt den aktuellen Stand und sieht den Fortschritt. Dadurch fördern wir die Transparenz in unserem Unternehmen, erledigen konsequent die anstehende Arbeit und steigern dadurch die Motivation der Mitarbeiter. Die meisten Menschen befriedigt es emotional, einen erledigten Klebezettel von der Wand zu nehmen.

Durch unsere Smartphones haben wir einen kontinuierlichen Zugang zum Internet und sind in der Lage, auf unbegrenzt viele Informationen zuzugreifen. Während sich vor einiger Zeit manche Leute noch Sorgen machten, ob sie den Herd ausgeschaltet hatten, wenn sie in den Urlaub fuhren, können sie den Herd heute von unterwegs einfach per App abschalten. Diese Vernetzung wird auch als »Internet of Things« bezeichnet. Viele Geräte wie Lampen haben einen eingebauten Mikrochip. Wenn dieser mit dem Internet vernetzt ist, ist die Lampe extern steuerbar.

Es ist schwer, sich alle Möglichkeiten vorzustellen, die durch diese Technologie entstehen werden. Fakt ist aber, dass immer mehr Geschäftsmodelle entstehen, die vor zehn Jahren noch nicht möglich gewesen wären, wie das Versenden von Geld per PayPal oder die Nutzung von Uber anstatt von Taxis. Digitalisierung bedeutet, dass wir die technologischen Möglichkeiten nutzen, um Produkte zu erschaffen, die Probleme lösen. Warum muss ich beispielsweise heute noch mit meinem Auto in die Werkstatt fahren, um ein Update meines Navigationssystems zu erhalten? Dank Google und dem Internet könnte das auch bequem per WLAN zuhause funktionieren. Diese Art der Veränderung von Prozessen und Produkten ist vollkommen normal. Wir müssen uns nur entscheiden, ob wir darin eher eine Gefahr oder ein Potenzial sehen.

**Im Fokus steht immer, sich vom Bekannten zu lösen und die Veränderung anzunehmen.**

Sobald wir diese Entscheidung getroffen haben, sollten wir handeln. Wenn wir ein Potenzial erkannt haben, geht es darum, mutig zu sein und einen neuen, wahrscheinlich bislang unbekannten Weg zu beschreiten. Wenn wir in der Veränderung eine Gefahr sehen, können wir überlegen, wie wir mit dieser Gefahr umgehen. Im Fokus steht aber immer, sich vom Bekannten zu lösen und die Veränderung anzunehmen.

Potenzial entsteht vor allem dann, wenn wir schnell auf neue Ideen und Märkte reagieren können. Stell dir vor, dass deine Kunden sich über einen deiner Social-Media-Kanäle ein neues Produktfeature wünschen. Über dieses Feature hattest du bisher noch gar nicht nachgedacht und die Idee ist tatsächlich gut. Vor ein paar Jahren hätte das Feedback deiner Kunden dich wahrscheinlich nicht erreicht. Heute gibt es hunderte Kommentare und Bewertungen für jedes Produkt.

Damit wir die Idee unserer Kunden umsetzen können, müssen wir allerdings dazu bereit sein, unsere eigenen Ideen loszulassen oder umzudenken. Dieser Prozess des Loslassens ist meiner Erfahrung nach unglaublich schwer und kann zu vielen schlechten unternehmerischen Entscheidungen führen. Das wurde mir klar, als ich vor einer Weile mit einem IT-Trainer zusammenarbeiten durfte. Er hatte seine Schulungen immer in kleinen Gruppen und vor Ort durchgeführt. Wir einigten uns gemeinsam darauf, einen Teil dieser Schulungen neu zu denken und zu digitalisieren. Der Business Case war sorgfältig ausgearbeitet und gewinnversprechend. Er hätte eine lukrative Ergänzung zum bestehenden Geschäft sein können.

Ich kann mich noch gut an den Tag erinnern, als wir zum ersten Mal Filmaufnahmen für die digitale Schulung machen wollten. Es war unglaublich heiß, fast 40 Grad, und ich stand in Hemd und Anzughose im Büro. Nach gut vier Stunden hatten wir ziemlich viel Filmmaterial gesammelt, und genau dabei blieb es dann. Am Ende wurde kein einziges dieser Videos verwendet. Nicht weil die Videos schlecht gewesen wären, sondern weil dem IT-Trainer während des Filmens immer wieder Gründe einfielen, warum seine Schulung per Video nicht funktionieren würde. Seine gesamten Erfahrungen basierten darauf, dass er mit Menschen agiert, die im gleichen Raum sitzen. Er konnte sich nicht mit dem Gedanken anfreunden, dass die digitalen Schulungen genauso wertvoll sind und wir diese verkaufen können.

Heute gibt es unzählige erfolgreiche Trainer auf dem Markt, die sowohl Schulungen vor Ort als auch Videoschulungen durchführen. Wenn wir erfolgreich sein wollen, müssen wir bereit sein, unsere Komfortzone und damit die gewohnten Muster zu verlassen. Wenn wir etwas Neues beginnen, gibt es oft den inneren Kritiker in unserem Kopf, der Dinge sagt wie: »Was ist, wenn es niemandem gefällt? Meine Stimme hört sich so doof an! Das wird eh nicht funktionieren!« Diese Stimme zu akzeptieren und bewusst zu sagen: »Ich mache das trotzdem!«, ist eine der Herausforderungen, die sich bei jeder Veränderung stellen. In dieser Geschichte erkannte ich wieder einmal, dass immer dann, wenn mein Kopf die Frage stellt: »Geht das wirklich?«, ich einfach »ja« sage und es dann ausprobiere.

**Wenn wir erfolgreich sein wollen, müssen wir bereit sein, unsere Komfortzone und damit die gewohnten Muster zu verlassen.**

## Kommunikation fördern und leben

In jedem Unternehmen, in dem ich bisher gearbeitet habe, hörte ich immer wieder den Satz: Wir müssen in der Kommunikation besser werden. Selten erlebte ich, dass die Kommunikation wirklich gut war. Und natürlich müssen wir zunächst einmal definieren, was überhaupt mit Kommunikation gemeint ist.

Es gibt verbale und nonverbale Kommunikation. Paul Watzlawick hat den Satz geprägt: »Man kann nicht nicht kommunizieren.« Sobald Menschen aufeinandertreffen, kommunizieren sie miteinander. Aber wie sieht diese Kommunikation aus? Ist sie herzlich oder kühl? Distanziert oder nah? Werden Witze gemacht, oder ist die Stimmung ernst? Solche Feinheiten erkennst du innerhalb von Sekunden. Insofern existiert in jedem Unternehmen eine bestimmte Art der Kommunikation.

Je positiver diese ist, desto eher wird das Unternehmen erfolgreich sein. Denn wenn wir ehrlich kommunizieren, sprich: sagen, was wir denken, und uns nicht verstellen müssen, dann haben wir Vertrauen zu unseren Kollegen und fühlen uns sicher. Der erste Schritt zu einer guten Kom-

**Der erste Schritt zu guter Kommunikation ist, sich bewusst zu machen, dass wir immer miteinander kommunizieren.**

munikation ist, sich bewusst zu machen, dass wir immer miteinander kommunizieren. Wenn wir uns dessen bewusst sind, können wir aktiv an unserer Kommunikation arbeiten und die Zusammenarbeit mit anderen verbessern. In der täglichen Zusammenarbeit führt Nicht-miteinander-Reden häufig direkt zu schlechteren Arbeitsergebnissen.

Wenn ein Formel-1-Fahrer seinem Ingenieur nicht sagt, was er auf der Strecke gespürt hat, kann dieser die Einstellungen des Autos nicht verändern und die Rundenzeit wird sich nicht verbessern. Wenn der Verkäufer, der jeden Tag mit dem Kunden Kontakt hat, dessen Feedback nicht direkt an die Entwicklungsabteilung weitergeben kann, wie soll diese dann dazulernen und das Produkt verbessern?

Der Informationsfluss innerhalb eines Unternehmens ist daher von elementarer Bedeutung. In der Realität wird er allerdings häufig durch die Managementstrukturen erschwert. Es gibt Bereiche mit verschiedenen Verantwortlichkeiten und Interessen. Diese müssen miteinander harmonieren, damit gute Kommunikation entstehen kann.

Beispielsweise gibt es in jedem Unternehmen, das Software entwickelt, die folgenden drei Zielsetzungen: Das Business will neue Produkte kreieren und die Umsätze steigern. Die IT soll möglichst schnell neue Software entwickeln und dafür sorgen, dass diese immer verfügbar ist. Und der Kundensupport soll jedes Anliegen des Kunden so schnell wie möglich lösen.

Gemeinsam betrachtet, könnten diese Ziele ein florierendes, erfolgreiches Unternehmen entstehen lassen. Genauso können sie allerdings auch – einzeln betrachtet – zur Bildung von Silos führen. Nur wenn diese drei Abteilungen in engem Austausch miteinander sind, können sie erfolgreich Produkte entwickeln, die wirklich relevant für die Kunden sind.

Jeder, der schon einmal »stille Post« gespielt hat, weiß, wie schnell Informationen verloren gehen. Daher ist ein enger Austausch zwischen dem Business, der IT und dem Kundensupport für den Erfolg so entscheidend. Je transparenter und klarer die Informationen innerhalb eines Unternehmens verteilt werden, desto weniger Gerüchte entstehen. Klare Kommunikation sorgt für einen hohen Fokus der Mitarbeiter auf ihre Arbeit.

**Jeder, der schon einmal »stille Post« gespielt hat, weiß, wie schnell Informationen verloren gehen.**

Der einfachste Weg, eine gute Kommunikation zu pflegen, besteht darin, einfach jeden Tag miteinander zu reden, beispielsweise in einem kurzen 15-minütigen Meeting, in dem jeder aus dem Team reihum kurz die drei Fragen »Was habe ich gestern gemacht?«, »Was mache ich heute?« und »Wobei brauche ich Hilfe?« beantwortet. Dieses Format nennt sich Standup Meeting und wurde mit der Methode Scrum populär. Hierbei sind nur die Informationen relevant, die fürs Team relevant sind. Eine der größten Herausforderungen ist es, zu lernen, die Dinge auf den Punkt zu bringen und sich präzise auszudrücken.

Meine Erfahrung ist, dass Teammitglieder oft Rechtfertigungen übermitteln, warum eine Aufgabe nicht erledigt werden konnte und welche Aufgaben stattdessen erledigt wurden. Diese Informationen sind häufig für das Team gar nicht relevant, und trotzdem spricht jemand fünf Minuten lang darüber, warum etwas nicht funktioniert hat, das jetzt aber doch funktioniert, was aber faktisch gar nichts mehr mit dem Team zu tun hat. Die Disziplin zu haben, die drei Fragen präzise und auf den Punkt zu beantworten, ist nicht einfach, aber wenn das ganze Team gelernt hat, wie es funktioniert, entfaltet sich die Magie dieses Meetings. Jeder weiß genau, wo das Team steht und was als Nächstes zu tun ist.

Eine direkte und intensive Diskussion ist in Organisationen ein zentraler Bestandteil. Das Wort »direkt« hat hierbei eine besondere Bedeutung: Durch die Digitalisierung und Medien wie Facebook, WhatsApp, Slack oder auch E-Mails ist die Kommunikation heute leichter und schneller als jemals zuvor. Diese Kommunikation führt aber zu einer Entfremdung der Personen, da ein Meeting problemlos fünf Minuten vor Beginn per WhatsApp abgesagt werden kann, ohne dass ich dem anderen ins Gesicht sehen und mit seiner Reaktion (wahrscheinlich Enttäuschung oder Wut) umgehen muss. Ein Meeting persönlich abzusagen, ist emotional schwieriger und wird daher seltener gemacht.

Ein weiterer Vorteil der direkten Kommunikation ist, dass wir mittels unserer fünf Sinne (riechen, fühlen, sehen, hören, schmecken) meistens innerhalb von Sekunden ein Bild des anderen haben. Man sagt nicht umsonst, dass sich zwei »nicht riechen können«.

Wenn Teams anfangen, räumlich getrennt und remote zu arbeiten, dann muss sichergestellt sein, dass sie zu Beginn ihrer Zusammenarbeit die Möglichkeit haben, sich persönlich kennenzulernen. Genau deshalb gibt es die »After-Work«-Events, in denen das Team gemeinsam nach der Arbeit etwas essen oder trinken geht, um sich besser kennenzulernen. Diese sozialen Events führen zum Aufbau von Beziehungen zwischen den Teammitgliedern und stärken dadurch das Vertrauen und Verständnis untereinander.

Vor einer Weile habe ich einen tollen und einfachen Trick gelernt, um die Kommunikation zu verbessern. Wenn eine Gruppe von Menschen zusammenkommt, dann lass einfach alle kurz klatschen. Dadurch entsteht zum einen ein Gefühl der Verbundenheit, und zum anderen müssen alle ihr Handy aus der Hand legen. Schon hast du einen Fokus, und die Kommunikation kann weitergehen.

**Meine Erfahrung ist, dass Freundlichkeit und gesunder Menschenverstand immer helfen.**

Das Thema Kommunikation ist von elementarer Bedeutung, es gibt ganze Bücher darüber. Meine Erfahrung ist, dass Freundlichkeit und gesunder Menschenverstand immer helfen und wir anfangen sollten, einander wieder mehr zuzuhören. Der dadurch entstehende Respekt verbessert den Rahmen des Unternehmens. Denk immer daran, dass es nicht nur ein

Job ist, sondern acht Stunden deiner Zeit, die du täglich mit einer bestimmten Gruppe von Menschen verbringst. Du hast ein Recht darauf, dass diese acht Stunden eine tolle, wertvolle Zeit sind. Ich liebe es, meinen Kollegen etwas von meiner Leidenschaft oder aus meinem Privatleben zu erzählen. Es ist erstaunlich, wie schnell sich Gemeinsamkeiten finden lassen und wie sich die Beziehung verändert, sobald ich anfange, mich zu öffnen.

## Erfolg durch Exzellenz

**»Einfachheit ist die höchste Form der Raffinesse.«**

Schon Einstein hat gesagt: »Einfachheit ist die höchste Form der Raffinesse.« Technische Exzellenz und gutes Design bedeuten, dass wir nach dieser Einfachheit streben. Ein Anspruch auf Perfektion darf vorhanden sein, allerdings sollte hier der Fokus auf den Entwicklungen liegen, die im Verhältnis zum Aufwand den größten Nutzen für den Kunden bringen.

Kannst du dich an die Geschichte aus dem Vorwort erinnern, als ich mit meinem Team auf einer Dachterrasse saß? Lass uns von dieser Geschichte aus ein paar Monate zurückgehen, zu dem Zeitpunkt, als unser Projekt startete.

Unsere Aufgabe war, unserem Kunden eine IT-Schnittstelle zur Verfügung zu stellen. Das bedeutete, er würde mit seinen Systemen auf unser System zugreifen können, sodass eine Kommunikation entsteht. Wir hatten sowohl die Verantwortung für die Entwicklung als auch für den Betrieb der Software, und Letzteres war die größte Herausforderung.

Eine Software zu betreiben, bedeutet, dass irgendwo ein Rechenzentrum steht, in dem unglaublich viele Computer zusammenarbeiten. Auf einem dieser Rechner läuft unsere Software, und über diesen Rechner stellen wir eine eindeutige Schnittstelle zur Verfügung. Wir geben unserem Kunden die Daten, und er kann über diese Schnittstelle kommunizieren.

Das kannst du dir vorstellen wie zwei Telefonnummern: Wenn der Kunde die richtige Nummer wählt, klingelt dein Telefon. Wenn er dann anfängt zu sprechen und du ihn nicht verstehen kannst, wird dein Gesprächspartner unzufrieden sein. Wenn er beispielsweise fragt: »Wie ist das Wetter heute in Frankfurt?«, und du antwortest: »Die Hose kostet 19,95 Euro«, dann wird dein Kunde ebenfalls unzufrieden sein. Noch ärgerlicher ist es für ihn, wenn er dich überhaupt nicht erreicht, obwohl du versprochen hattest, da zu sein.

Stell dir mal vor, dass du deine Lieblingswebsite besuchen willst und diese nicht verfügbar ist. Oder du willst etwas suchen und Google ist nicht verfügbar. In der heutigen Zeit ist das nicht mehr vorstellbar und inakzeptabel.

Statt eines normalen Rechenzentrums, das physisch an einem bestimmten Ort steht und physische Rechner enthält, haben wir uns für die Verwendung eines Cloud-Rechenzentrums entschieden. Dieses wird uns virtuell zur Verfügung gestellt, sodass wir selbst keine physischen Rechner mehr besitzen müssen. Der Vorteil ist, dass wir unser Rechenzentrum beliebig erweitern können und immer nur die Kosten für die Leistung bezahlen, die wir tatsächlich nutzen.

Wenn du beispielsweise einen Onlineshop betreibst und dieser in der Lage ist, 100 Kunden gleichzeitig zu bedienen, dann wird er bei 500 Kunden wahrscheinlich überlastet sein und sich abschalten. In einem physischen Rechenzentrum müsstest du in dem Moment, in dem du erkennst, dass die Last von 100 auf 500 Kunden steigt, schnell weitere Rechner kaufen, installieren und in dein Netzwerk einfügen. Das dauert viele Stunden, und bis dahin kann dein Kunde schon zur Konkurrenz gegangen sein. In einem Cloud-Rechenzentrum besteht immer die Möglichkeit, innerhalb von Sekunden neue virtuelle Rechner in das Netzwerk aufzunehmen und entsprechend zu skalieren.

Das bringt uns zu dem Prinzip der technischen Exzellenz. Es wäre eine exzellente technische Lösung, wenn abhängig von der benötigten Rechenleistung automatisch neue Rechner in das Netzwerk aufgenommen und alte entfernt werden würden. Egal, ob dein Webshop gerade 100, 500 oder 5000 Kunden hat, die Cloud stellt automatisch die benötigte Anzahl an Rechnern zur Verfügung. Damit das funktioniert, muss natürlich eine Software entwickelt werden, die diesen automatisierten Vorgang herstellt und überwacht. Was passiert aber beispielsweise, wenn während dieses Vorgangs trotzdem ein Fehler passiert und dein System zusammenbricht? Oder das System ohne Grund skaliert und du am Monatsende eine unerwartet hohe Rechnung bekommst?

Netflix hat eine Antwort auf die Frage gefunden, wie wir automatisierte Systeme so gut machen können, dass sie fast keine Fehler mehr produzieren. Man nutzt dort den selbstentwickelten Chaos Monkey, einen virtuellen »Chaos-Affen«, der willkürlich Dinge in der Cloud zerstört. Wenn dieser Affe beispielsweise jetzt in deinen Raum kommen und das Fenster einschlagen würde, dann hättest du auf einmal ein kaputtes Fenster, um das du dich kümmern müsstest. Wäre irgendwie blöd, oder?

In der Cloud gäbe es aber die Möglichkeit, dass das System von alleine erkennt, dass dein Fenster gerade kaputtgegangen ist, und da das System weiß, dass das Fenster normalerweise heil sein sollte, repariert es das Fenster einfach voll automatisiert. In dem Moment, in dem in der Cloud ein Rechner abstürzt, heilt die Cloud sich einfach selbst.

Der Chaos Monkey sorgt dafür, dass zu bestimmten Zeiten immer wieder Fehler passieren und Probleme auftauchen. Diese Fehler müssen vom Software-Entwicklungsteam gelöst werden, und zwar so, dass der Fehler nicht mehr auftauchen kann. Stell dir vor, dass deine Computermaus per Kabel mit deinem Computer verbunden ist. Der Chaos Monkey kommt und zieht das Kabel aus dem Rechner, sodass du deine Maus nicht mehr benutzen kannst. Nun kommt jemand aus dem Team, das für deinen Rechner zuständig ist, und steckt das Kabel wieder rein. Ein paar Minuten später kommt der Chaos Monkey erneut vorbei und zieht es wieder heraus. Das Problem wurde noch nicht nachhaltig gelöst. Nun entwickelt das Team eine neue Lösung: Statt per Kabel wird deine Maus zukünftig mittels Funk mit dem Rechner verbunden. Jetzt müsste der Chaos Monkey einen neuen Weg finden, um dir das Arbeiten mit der Maus zu erschweren.

**Der Idealzustand ist, dass das System irgendwann unzerstörbar ist und sich immer von selbst heilt.**

Das Team muss während der normalen Arbeit permanent auf solche Probleme reagieren und Lösungen dafür finden. Der Idealzustand ist, dass das System irgendwann unzerstörbar ist und sich immer von selbst heilt. Das bedeutet, dass das Team für jedes Problem eine Lösung implementiert hat. Unternehmen wie Netflix sind heute schon genau an diesem Punkt. Dadurch haben sie den Vorteil, dass sie mit einer exzellenten technischen Basis arbeiten und neue Ideen wesentlich schneller umsetzen können. Die Teams sind es gewohnt, außerhalb ihrer Komfortzone zu arbeiten und sich permanent weiterzuentwickeln.

Am Anfang steht zwar ein hoher zeitlicher Invest, da die Teams Probleme lösen, die sie selbst verursacht haben, aber nach einiger Zeit liegt der Vorteil klar auf der Hand. Es gibt keine Schwierigkeiten mehr dabei, neue Software in diesem System zu installieren. Die Teams sind darauf vorbereitet, dass etwas passiert, und jederzeit flexibel genug, um darauf zu reagieren.

Dieses Prinzip lässt sich auf alle Branchen übertragen. Wenn wir auf die Probleme vorbereitet sind und im Idealfall automatisierte Lösungen für sie gefunden haben, bleibt mehr Zeit für die wirklich wichtigen Dinge: den Kunden und die Entwicklung des eigenen Produktes.

Ein Kunde hat mich dabei besonders beeindruckt. Er hat sich als Motto gesetzt: »Gut genug für jetzt und sicher genug, um es zu probieren.« In vielen Unternehmen herrscht ein Anspruch auf Perfektion. Die Produkte müssen erst »fertig« sein, bevor sie der Kunde bekommt. Das

Motto dieses Unternehmens bedeutet hingegen, dass Produkte dem Kunden übergeben werden, sobald sie gut genug sind und keine Katastrophe verursachen können. Durch das Abschätzen und kritische Hinterfragen der Risiken, die entstehen, wenn ein scheinbar unfertiges Produkt veröffentlicht wird, konnte das Team viel lernen. Die wichtigste Erfahrung war, dass das Team immer viele Punkte hatte, die noch am Produkt »verbessert« werden sollten, der Kunde sich für diese aber oftmals gar nicht interessierte.

**»Gut genug für jetzt und sicher genug, um es zu probieren.«**

Meine Beobachtung war, dass der Fokus des Teams auf das Wesentliche mit der Zeit immer höher wurde. Dadurch ist über die Zeit eine unglaubliche Exzellenz entstanden. Es wurden die Dinge getan, die wirklich wichtig waren, früh Erfahrungen gesammelt, und mit einem starken Fundament an Kundenerfahrungen wurde ein starkes Produkt entwickelt.

## Verantwortung und Selbstorganisation

Ein Team ist per Definition eine Gruppe von Menschen, die gemeinsam an einer Aufgabe arbeiten. Ich habe immer wieder erlebt, dass es eine Sache gibt, die alle Hochleistungsteams gemeinsam haben. Es ist die Verantwortung, die das Team für seine Aufgabe übernimmt, und damit verbunden die Selbstorganisation.

Selbstorganisation ist ein verbreitetes Schlagwort, wenn wir über agile Methoden sprechen, wird allerdings oft mit Verantwortung verwechselt. Selbstorganisation bedeutet, dass das Team die Freiheit und den nötigen Raum für kreative Ideen und innovative Entwicklungen bekommt. Dabei ist es wichtig, dass das Team sich diesen Freiraum sichern kann, in ihm lernt und sich weiterentwickelt. »Selbstorganisiert« darf nicht mit »chaotisch«, »unabhängig« oder »führungslos« gleichgesetzt werden.

Auf der anderen Seite bedeutet Verantwortung, dass sich das Team dazu verpflichtet, alles Notwendige zu tun, um die Aufgabe erfolgreich zu erledigen.

**Das Gegenteil von Schuldzuweisungen ist, Verantwortung zu übernehmen.**

Ich habe in meinem Unternehmen beispielsweise die Verantwortung dafür, dass die Gehälter bezahlt werden. Wenn nun meine Lohnabrechnung nicht rechtzeitig da ist, könnte ich auch einfach sagen: Naja, das ist nicht mein Problem, und mein Steuerberater hat Schuld. Dann gehe ich zu meinen Mitarbeitern und beschwere mich darüber, dass es ein Problem gibt. Das Gegenteil von Schuldzuweisungen ist, Verantwortung zu übernehmen. Das bedeutet in diesem Fall, dass ich dafür sorge, dass die Gehälter pünktlich bezahlt werden. Selbstorganisation bedingt, dass das Team die Verantwortung übernimmt.

Ein weiterer wichtiger Punkt ist, als Team selbstbestimmt zu sein. Das bedeutet, dass das Team selbst entscheidet, was es als Nächstes tut, und frei von der Steuerung durch externe Auftraggeber und Führungskräfte ist. Hierbei gibt es kein Schwarzweiß. Jedes Teammitglied sollte im Sinne des Unternehmens arbeiten, und wenn der Vorstand einen bestimmten Wunsch hat, der aus strategischer Sicht Priorität hat, dann sollte das Team diesen Wunsch akzeptieren. Falls dieser Wunsch des Vorstands die Arbeit und Leistung des Teams allerdings signifikant beeinträchtigt, sollte das Team in einer Reflexion geeignete Maßnahmen entwickeln und in die offene Kommunikation gehen.

Die Verantwortung lässt sich in diesem Kontext ebenfalls differenziert betrachten. Das typische agile Team in einem Großkonzern hat in der Regel keine Verantwortung für die Buchhaltung oder das Beachten des Arbeitsschutzes. Allerdings hat es die Verantwortung für die Verfügbarkeit seines Produktes, und gerade in der Softwareentwicklung stellt sich da die Frage: **Wer steht nachts auf?**

Die Frage nach dem nächtlichen Aufstehen hört sich zunächst wie ein Witz an, entscheidet in der Realität allerdings über Erfolg und Misserfolg. Wenn das Team beispielsweise eine App programmiert hat und sie seinen Kunden zur Verfügung stellt, dann erwarten diese, dass die App immer verfügbar ist. In der klassischen Softwareentwicklung wird ein produziertes Stück Software an den IT-Betrieb übergeben. Dort wird die Software dann »betreut«, das bedeutet, dass die Services vollumfänglich (sowohl die Software als auch die Infrastruktur) mittels Monitoring und Logging überwacht und Probleme direkt gelöst werden. Die einfachsten Probleme sind Dinge wie eine Festplatte, die »vollgelaufen« oder defekt ist und ausgetauscht werden muss, das Update auf eine neue Firmware-Version oder der Aufbau von neuen Umgebungen für neue Projekte.

Während bisher bei einem Fehler am Samstag um 3 Uhr morgens beim IT-Betrieb das Telefon geklingelt hat und eine aufwendige Fehlersuche gestartet wurde, ist das Ziel von agiler Softwareentwicklung, dass nachts niemand mehr aufstehen muss, weil es keine Fehler auf einem Niveau mehr gibt, das ein sofortiges Handeln erzwingt. Falls aber doch jemand aufstehen müsste, dann wäre es jetzt das Team.

Die Verantwortung muss zwingend von der Selbstorganisation getrennt werden. Die Verantwortung muss jederzeit klar und zugeordnet sein und liegt meistens bei den Führungskräften. Diese haben dann die Möglichkeit, mit ihrem Team zu organisieren, wie alle in bestimmten Situationen agieren. Ein großer Fehler, den ich immer wieder erlebe, ist die Erwartung, dass Menschen auf einmal von sich aus Verantwortung übernehmen. Viele sind bereit, es zu tun, aber es braucht eine klare und intensive Kommunikation.

Wenn das Team den Freiraum hat, seinen eigenen Weg für die Lösung zu finden, wird es zwangsläufig immer besser werden. Damit das möglich ist, braucht es immer eine klare Richtung und das Verständnis, warum ein Ziel erreicht werden soll.

**Wenn das Team den Freiraum hat, seinen eigenen Weg für die Lösung zu finden, wird es zwangsläufig immer besser werden.**

## Die Grenzen verschieben

Die wichtigste Lektion für die Arbeit erhielt ich mit 23 Jahren, bei meinem ersten Job. Ich hatte gerade mein Informatikstudium beendet und wurde als »High Potential« bezeichnet. Damals tat das meinem Ego sehr gut, und ich fühlte mich wie etwas Besonderes. In Wirklichkeit war ich allerdings noch grün hinter den Ohren, und selbst heute, mit vielen Jahren Berufserfahrung, denke ich, dass ich noch am Anfang stehe und gerade erst beginne, alles zu verstehen.

Ich bekam die Möglichkeit, an einer Schulung teilzunehmen, die ich im Folgenden »Las Vegas« nennen werde. Sie wird noch heute in diesem Unternehmen durchgeführt, und es gibt eine Regel: Was in Vegas passiert, bleibt in Vegas. Wir verpflichteten uns, nicht darüber zu sprechen, was dort genau passierte, um den Lerneffekt für die nachfolgenden Jahrgänge zu erhalten.

Doch diese eine Erfahrung, die bei mir so viel verändert hat, darf ich mit euch teilen. Die Schulung ging über vier Tage, und am Anfang wurden uns drei Projekte vorgestellt. Alle hatten Relevanz für den Konzern und sollten zum Abschluss präsentiert werden. Die Ergebnisse wurden tatsächlich verwendet, was ich im Nachhinein wirklich spannend fand.

Der Zweck von Las Vegas war es, dass wir verstehen, wie ein Unternehmen funktioniert. Dafür sollten wir in einer klassischen Matrix-Struktur arbeiten. Das heißt, dass es für die drei Projekte jeweils einen Projektleiter und einen Gesamtprojektleiter gab. Das war die vertikale Spalte. Horizontal gab es jeweils ein Team für Kommunikation und eines für Qualität. Diese Teams hatten auch jeweils einen Leiter.

Ich hatte die Rolle des Qualitätsverantwortlichen in meinem Projekt, und nachdem wir alle Positionen verteilt hatten, ging die Projektarbeit los. Es war das blanke Chaos, und ich möchte nochmal Abraham Lincoln zitieren: »Wenn ich acht Stunden habe, um einen Baum zu fällen, schärfe ich sechs Stunden lang die Axt.« Wir hauten acht

Stunden lang mit einer stumpfen Axt auf einen Baum. Der Erfolg war bescheiden.

Am zweiten Tag gab es von 12 bis 13 Uhr Mittagessen. Ich kam um 13:05 Uhr in den Speisesaal und wurde umgehend vom Las-Vegas-Leiter zurück in mein Projekt geschickt. An diesem Tag habe ich wieder einmal gelernt, dass alles Konsequenzen hat. Ich bekam erst wieder am Abend etwas zu essen.

Dadurch hatte ich allerdings Zeit für eine Zufriedenheitsumfrage, die das Kommunikationsteam gerade durchgeführt hatte. Die dritte für diesen Tag. Bis zum Ende von Las Vegas sollten es insgesamt zwölf sein. Warum so viele? Das verstand ich damals nicht.

**Das eigene Ego zurückzunehmen, ist eine der wertvollsten Fähigkeiten, die ich erlernen durfte.**

Ich hatte kontinuierlich das Gefühl, dass wir am Arbeiten gehindert wurden, und ein paar Wochen später wurde mir bewusst, dass genau das der Zweck der Schulung war. Wir sollten uns selbst organisieren und hatten kläglich versagt. 50 High Potentials unter dreißig, die nur an ihr Ego gedacht und sich wie Gorillas aufgeführt hatten. Das eigene Ego zurückzunehmen, ist eine der wertvollsten Fähigkeiten, die ich seither erlernen durfte.

Als die Projektarbeit beendet war, saßen wir in einer großen Runde und sprachen darüber, was gut und was schlecht gelaufen war. Nach einer Weile und vielen Diskussionen meldete ich mich und sagte: Der Drucker stand im Management-Raum. Das nervte tatsächlich, weil wir immer, wenn ein Meeting war, nicht drucken konnten.

Der Las-Vegas-Leiter schaute uns an, schwieg kurz und stellte dann diese eine Frage: »Wie oft habt ihr gefragt, ob ihr den Drucker umstellen dürft?« Stille im Raum. Wir hatten kein einziges Mal gefragt. Wir hatten ein Problem erkannt, das uns Zeit und Nerven kostete, und dann hatten wir es einfach akzeptiert. Eine einzige Frage, nur fünf Minuten unserer

Zeit, hätte das Problem lösen können, aber wir hatten sie einfach nicht gestellt.

Diese Akzeptanz von Problemen erlebe ich jeden Tag, wenn ich mit meinen Kunden arbeite. Und ich erkenne sie immer wieder bei mir selbst. Doch sobald ich sie erkenne, habe ich die Möglichkeit, sofort etwas zu verändern. Dieses Verschieben von Grenzen und das kontinuierliche Hinterfragen von Gegebenheiten – das ist es, was Agilität auszeichnet.

## Zusammenfassung Teil 2

Ein Unternehmen besteht aus Menschen. Doch wenn sich Unternehmensberatungen und Transformationsprojekte mit Methoden und neuen Arbeitsweisen auseinandersetzen, bleibt der Mensch häufig auf der Strecke. Erfolgreiche Unternehmen bauen einen Rahmen auf, in dem sich jeder Mitarbeiter wohlfühlt, Spaß hat und sein Potenzial ausschöpft.

Jedes Unternehmen hat einen Rahmen, der aus vier Ecken besteht: Die erste Ecke ist das Warum. Es ist die Energie, die das Unternehmen antreibt. Die zweite Ecke ist die Vision. Sie ist der Nordstern und beschreibt, was sich durch die Handlungen des Unternehmens auf dieser Welt verändern wird. Die dritte Ecke sind die Werte und Prinzipien. Sie sind die Basis jeder Entscheidung und Handlung innerhalb des Unternehmens. Die vierte Ecke ist der Mensch, unser Miteinander und die eigene Verpflichtung (im Business auch oft Commitment).

Es ist die Aufgabe jeder einzelnen Person im Unternehmen, diesen Rahmen aufzubauen, zu beschützen und regelmäßig die Grenzen zu hinterfragen. Es gibt hier kein Schwarzweiß. Eine besondere Verantwortung haben dabei die Führungskräfte. Sie sind Menschenentwickler, Visionäre und Diener. Ihr Job ist es, dafür zu sorgen, dass jeder einzelne Mensch seine Stärken einsetzen und Spaß haben kann, damit das Unternehmen mit seinen verfügbaren Ressourcen möglichst lange im unendlichen Spiel bleiben kann.

Damit das funktioniert, muss immer der Mensch mit seiner Persönlichkeit im Fokus stehen. Wir brauchen gemeinsame Spielregeln, einen sogenannten Code of Honor, der unser Miteinander definiert. In guten Teams kennen sich die Mitglieder untereinander und wissen, wie der andere tickt. Gemeinsame Rituale und mutige Entscheidungen helfen, agil und menschlich zu bleiben.

Ein Hochleistungsteam hat immer ein Ziel vor Augen und denkt in Ergebnissen. Durch den Fokus auf das, was notwendig und wichtig ist, werden die Stärken eines jeden Einzelnen ideal genutzt. Sobald wir anfangen, zu messen, was wir tun, und für Transparenz sorgen, können wir aus den Erfahrungen lernen und unseren Weg kontinuierlich so anpassen, dass er für uns ideal ist. Die Methode Objectives and Key Results hat sich dabei als sehr effektiv herausgestellt.

Jedes Ergebnis sollte so schnell wie möglich produziert werden. Dafür ist das Arbeiten in kurzen Zyklen notwendig. Anstatt wochenlang Konzepte zu schreiben, werden Ideen direkt in einer ersten Version umgesetzt und mit dem Kunden besprochen. Dadurch steigt die Qualität.

Wir müssen aus der Vergangenheit lernen, um uns zu verbessern. Dafür braucht es bewusste Zeiträume, in denen das Team eine Pause von der täglichen Arbeit einlegt.

Mit jeder Reflexion, mit jeder Erfahrung und mit jeder neuen Idee ergeben sich neue Möglichkeiten. Das Schwierige ist, die gewohnten Muster zu verlassen und eine Veränderung anzunehmen. Doch gerade das ist ein Grundpfeiler exzellenter Leistungen.

Sobald Menschen aufeinandertreffen, kommunizieren sie miteinander. Daher existiert in jedem Unternehmen eine bestimmte Art der Kommunikation. Je positiver diese ist, desto eher wird das Unternehmen erfolgreich sein.

Einfachheit ist die höchste Form der Raffinesse. Technische Exzellenz und gutes Design bedeuten, dass wir nach dieser Einfachheit streben. Wir dürfen Perfektion anstreben, aber der Fokus sollte auf jenen Entwicklungen liegen, die im Verhältnis zum Aufwand den größten Nutzen für den Kunden bringen.

Selbstorganisation ist ein verbreitetes Schlagwort, aber es wird oft mit Verantwortung verwechselt. Selbstorganisation bedeutet, dass das Team die Freiheit und den nötigen Raum für kreative Ideen und innovative Entwicklungen bekommt – einen Raum, in dem es lernt und sich weiterentwickelt. Auf der anderen Seite verpflichtet sich das Team dazu, alles Notwendige zu tun, um die Aufgabe erfolgreich zu erledigen.

**Jeden Tag gibt es Momente, in denen wir ein Problem erkennen und es einfach so akzeptieren.**

Jeden Tag gibt es Momente, in denen wir ein Problem erkennen und es einfach so akzeptieren. Die Gründe dafür sind vielfältig. Vielleicht ist eine negative Erfahrung daran schuld, vielleicht einfach nur Bequemlichkeit. Sobald wir anfangen, hier regelmäßig die Grenzen zu verschieben, entwickelt sich eine positive Dynamik. Dabei spreche ich nicht von Chaos und dem Verletzen von Regeln, sondern vom bewussten Verändern des Rahmens, um sich gemeinsam weiterzuentwickeln. Wenn du ein Problem erkennst, dann triff bewusst die Entscheidung, es zu lösen, und lös es!

Teil 3

# EIN RAHMEN, IN DEM MENSCHEN IHR POTENZIAL AUSSCHÖPFEN

# Es fängt bei dir an

Du hast dieses Buch bis hierher gelesen und hast jetzt zwei Möglichkeiten: Entweder du legst das Buch zur Seite und machst alles so wie bisher, oder du veränderst etwas. Was machst du also mit dem Wissen aus diesem Buch? Da ich ein praxisorientierter Mensch bin, gebe ich dir in diesem Kapitel einen Leitfaden, der dir dabei helfen kann, in deinem Unternehmen einen Rahmen aufzubauen, in dem Menschen ihr Potenzial ausschöpfen.

**Es ist wichtig, zu verstehen, dass es mit dir anfängt.**

Es ist wichtig, zu verstehen, dass es mit dir anfängt. Unabhängig davon, ob du Geschäftsführer bist und deine Entscheidungen allein treffen kannst, oder ob du angestellt bist und dein Umfeld verändern willst. Du hast bestimmt schon mal eine Party erlebt, auf der niemand tanzt. Alle stehen an der Bar, trinken etwas und unterhalten sich. Auf einmal geht jemand auf die Tanzfläche und beginnt zu tanzen. Die anderen schauen dem Tänzer zunächst etwas skeptisch zu. Er wirkt ein bisschen verrückt, weil er einfach angefangen hat, zu tanzen, und dabei keine sonderlich gute Figur macht. Das Wort »verrückt« soll dabei nur aussagen, dass er im Verhältnis zu den anderen »ver-rückt« ist, also herausgerückt aus der Masse. Ein paar Minuten später gesellt sich ein zweiter Tänzer zu ihm, und in diesem Moment passiert etwas Magisches. Einen einzelnen Tänzer sehen wir vielleicht als verrückt an. Doch durch den zweiten Tänzer ist das Ganze zu einer Bewegung geworden, denn der zweite akzeptiert den ersten als Führungskraft. Nun dauert es nicht mehr lang, und es gesellen sich immer mehr Menschen zu den beiden und beginnen zu tanzen. Auf einmal steht nur noch eine einzige Person an der Bar, die nicht tanzt. Und auf einmal ist dieser Mensch »ver-rückt«, denn er tut nicht das, was die Masse tut.

**Jede Veränderung beginnt mit dem ersten Schritt einer mutigen Person, und da du dieses Buch liest, glaube ich, dass du dieser Mensch sein kannst.**

Jede Veränderung beginnt mit dem ersten Schritt einer mutigen Person, und da du dieses Buch liest, glaube ich, dass du dieser Mensch sein kannst. Dabei ist deine Aufgabe nicht, die anderen mit deinem neuen Wissen zu überzeugen, sondern als Vorbild zu agieren und Schritt für Schritt deine eigenen Gewohnheiten zu verändern. Dabei wird sich deine Perspektive auf Ereignisse verändern und du wirst neue Möglichkeiten erkennen. Durch diesen neuen Blickwinkel verändert sich allerdings nicht die Realität. Erst die Entscheidungen, die du triffst, führen zu einer Veränderung. Um dir zu verdeutlichen, was eine Perspektive auf die Realität ist, gibt es eine einfache Übung. Welche Antwort fällt dir spontan auf folgende Frage ein: Welche Farbe hat eine Zitrone, wenn du eine blaue Brille trägst?

Als mir diese Frage zum ersten Mal gestellt wurde, kam mir als Erstes »grün« in den Sinn. Die Antwort hat mir dann bewusst gemacht, was der Unterschied zwischen Realität und Perspektive ist. In der Realität ist die Zitrone gelb und sie wird auch immer gelb sein. Mit der blauen Brille wird sie lediglich aus meiner Perspektive grün. Wenn jemand anderes nun eine rote Brille aufhat, wird die Zitrone aus seiner Perspektive orange. Alles, was um dich herum passiert, nimmst du aus deiner eigenen Perspektive wahr. Es ist, als ob du deine persönliche Brille aufhast. Jeder Mensch trägt seine eigene Brille. Eine der Herausforderungen unseres täglichen Lebens besteht darin, die Perspektive des anderen zu verstehen und eine gemeinsame Realität zu finden.

Wenn du mit deinem neuen Wissen zu deinen Kollegen gehst und ihnen erzählst, dass ihr eure Werte und Prinzipien neu definieren müsst, ab jetzt in Sprints arbeitet und über Gefühle sprecht, dann ergibt das aus deiner Perspektive total Sinn. Dennoch werden die anderen dich für verrückt halten. Es muss also einen besseren Weg geben, um den Rahmen des Unternehmens zu verändern.

## Vom Gründer zum Unternehmer

Jedes Unternehmen begann mit einer Idee und jemandem, der den Mut hatte, aus dieser Idee ein Geschäftsmodell zu entwickeln und es umzusetzen. Diese Person nennen wir den Gründer. Oftmals sind es Allrounder, die viele Bälle gleichzeitig in der Luft halten. Gerade am Anfang der Unternehmung gibt es unzählige Aufgaben – das Produkt entwickeln, die Buchhaltung erledigen, Kunden akquirieren, das Marketing aufbauen, die Website erstellen und vieles mehr. Gründer sind in der Regel »Macher-Typen«. Sie denken nicht lange nach, sondern probieren einfach etwas aus. Natürlich mit dem Risiko, Fehler zu machen und danebenzuliegen. Irgendwann kommt der Zeitpunkt, an dem das Unternehmen wächst und die ersten Mitarbeiter eingestellt werden. Der Gründer beginnt damit, Aufgaben abzugeben und sich darauf zu konzentrieren, das Unternehmen zu skalieren.

Diese Veränderung ist der notwendige Zeitpunkt, um den Sprung vom Gründer zum Unternehmer zu wagen. Ich kann mich noch gut an die Zeit erinnern, als Kevin und ich nur zu zweit unterwegs waren. Uns fehlte die Zeit, um alle Aufgaben richtig zu erledigen und unsere Leistung auf die Straße zu bringen. Es war klar, dass wir jemanden brauchten, der uns mit seinem Know-how im Bereich Marketing unterstützte. Bisher hatte ich die Werbekampagnen selbst konzipiert und online durchgeführt, allerdings mit mäßigem Erfolg. Ich war mir aber sicher: Ich kann lernen, wie beispielsweise Werbung auf Facebook funktioniert, wenn ich nur genügend Zeit dafür habe. Das ist der typische Gedankengang eines Gründers: Ich kann das, ich schaffe das, ich mache alles selbst. Wenn ich nun jemanden einstelle und ihm die Verantwortung für die Werbung auf Facebook übergebe, dann muss sich in meinem Kopf etwas verändern. Das war der Punkt, an dem wir unsere erste Mitarbeiterin eingestellt und uns damit selbst vor eine neue Herausforderung gestellt haben. Wir wollten anfangen, Aufgaben zu delegieren, und waren uns einig, dass wir darauf vertrauen mussten, dass unsere neue Kollegin diese Aufgaben erfolgreich erledigen würde.

Mach dir eine Sache bewusst: Jeder Mensch ist in der Lage, Essen zu kochen, einen Mietvertrag zu unterzeichnen oder ein Auto zu kaufen. Wenn du privat jeden Tag auf einer unbequemen Couch sitzen müsstest, dann würdest du irgendwann deine Kreditkarte nehmen, ins Möbelhaus gehen und eine neue Couch kaufen. Du würdest eine Entscheidung treffen und das Problem lösen. Wie viele Menschen kennst du, die in einem Unternehmen einfach einen neuen Bürostuhl kaufen dürfen? Oder einen neuen Laptop oder vielleicht auch nur Klebezettel? Lass uns beim Thema Bürostuhl bleiben. Was ist wohl teurer: ein hochwertiger Stuhl für 350 Euro (teurer sind Premiummodelle bei guten Einkaufskonditionen nicht) oder ein Mitarbeiter, der sich jeden Tag darüber ärgert, dass sein Stuhl unbequem ist? Ich habe in Großkonzernen häufig erlebt, dass ein Mitarbeiter sich einen neuen Stuhl wünscht und ihm der mit folgender Begründung verwehrt wurde: Wenn ich einem Mitarbeiter einen neuen Stuhl kaufe, dann wollen alle einen neuen Stuhl. Aber ist das wirklich so? Oder ist das nur eine Ausrede? Mach dir mal den Spaß, setz dich mit deinen Kollegen bei einem Bier zusammen und sag, dass jeder sein Wunschgehalt auf einen Zettel schreiben soll. Ich wette, dass vier von fünf ein Gehalt aufschreiben, das fair ist und das du dir als Unternehmer leisten könntest.

Wenn Menschen sich fair behandelt fühlen und es die Transparenz gibt, warum Entscheidungen getroffen werden, dann wirst du erstaunt sein, wie gut wir einschätzen können, was fair und was unfair ist. Wie willst du von jemandem erwarten, dass er Höchstleistungen bringt, komplexe Herausforderungen löst und sich mit voller Energie für das Unternehmen einsetzt, wenn du ihm nicht mal zutraust, zu entscheiden, ob er einen neuen Bürostuhl benötigt?

Ich stand selbst einmal vor einer solchen Herausforderung. Ich wusste, dass meine neue Mitarbeiterin die Werbung wesentlich besser und erfolgreicher machen würde als ich. Sie war bereit, dafür die Verantwortung zu übernehmen. Jetzt war es an mir, den Sprung vom Gründer zum Unternehmer zu wagen.

Als Unternehmer haben wir die Aufgabe, das System zu gestalten und für seine Funktionsfähigkeit sorgen. Ich muss das große Ganze im Blick haben und mich um die Menschen in meinem Umfeld kümmern. Kevin und ich wollten einen Kernbereich unseres Unternehmens, das Marketing, in die Verantwortung unserer neuen Mitarbeiterin legen. Sie sollte jederzeit in der Lage sein, eigenständig Entscheidungen zu treffen. Das einfachste Vorgehen wäre gewesen, sie mit einer »Quasi«-Verantwortung auszustatten. Jede große Entscheidung bespricht sie kurz mit uns, und wenn wir nichts dagegen haben, dann kann sie sie umsetzen. Ein konkretes Beispiel ist die Erstellung einer Werbekampagne.

**Als Unternehmer haben wir die Aufgabe, das System zu gestalten und für seine Funktionsfähigkeit sorgen.**

Das Ziel der Werbung könnte sein, dass wir neue Menschen in unsere E-Mail-Liste aufnehmen wollen. Dafür erstellen wir kurze Videos, die wir in Facebook abspielen. Wenn jemandem das Video gefällt, geht er auf meine Website und kann sich dort in die E-Mail-Liste eintragen. Im ersten Newsletter erhält er ein kurzes E-Book, in dem ich zwölf Geheimnisse von innovativen Marktführern beschreibe. Für die Erstellung der Werbung müssen viele Fragen beantwortet werden. Wie sieht die Zielgruppe genau aus? Welche Laufzeit hat die Kampagne? Welche Videos nutzen wir? Welche Texte schreiben wir? Welches Budget steht zur Verfügung? Wann erklären wir die Kampagne als gescheitert und beenden sie? Wenn wir 50 Euro ausgegeben haben, ohne dass sich jemand in die Liste eingetragen hat? Oder erst bei 100 Euro? Unsere neue Mitarbeiterin beantwortet all diese Fragen, denn der Themenbereich liegt in ihrer Verantwortung. Sie macht einen klaren Entwurf, wie wir vorgehen sollten, und spricht dann kurz mit mir darüber. Wenn mir das gefällt, kann sie weitermachen. Wenn die Kampagne dann läuft, berichtet sie mir regelmäßig über den Erfolg. Ich kann dann entscheiden, ob wir die Kampagne beenden, falls wir zu viel Geld für zu wenige Ergebnisse ausgeben.

Wenn du das hier so liest, ergibt es bestimmt erstmal Sinn. Allerdings agiere ich wie ein Gründer. Ich habe die Verantwortung nicht wirklich

**Aus meiner Sicht erreichen wir dann großartige Ergebnisse, wenn wir Menschen die Möglichkeit geben, wirklich Verantwortung zu übernehmen und sich selbst auszuprobieren.**

an die neue Mitarbeiterin abgegeben, da ich ihre Entscheidungen immer noch einmal kontrolliere. Und schon ist mein Startup bürokratischer und langsamer als ein Großkonzern. Ich blockiere sie – und das nur, weil mein Ego mir im Weg steht. Aus meiner Sicht erreichen wir dann großartige Ergebnisse, wenn wir Menschen die Möglichkeit geben, wirklich Verantwortung zu übernehmen und sich selbst auszuprobieren. Wenn Mitarbeiter in unserem Unternehmen eine Entscheidung treffen wollen, dann dürfen sie das innerhalb ihres Rahmens tun. Bei manchen Entscheidungen möchte ich als Berater fungieren und zuerst über die Entscheidung diskutieren. Dabei stelle ich viele Fragen und helfe dabei, die beste Lösung zu finden. Wenn meine Mitarbeiter nach diesen Fragen und dem intensiven Diskutieren davon überzeugt sind, dass es der richtige Weg ist, können sie die Entscheidung einfach selbst treffen.

Die Situation, dass es häufig anders läuft, habe ich mehr als einmal erlebt und deswegen sogar schon meinen Job gekündigt. Ich arbeitete nach vielen Jahren in Großkonzernen in einem Startup und wollte dort digitale Schulungen entwickeln. Du kennst diese Geschichte schon aus dem zweiten Teil dieses Buches. Dort habe ich zwar die Verantwortung dafür bekommen, das digitale Geschäftsmodell zu entwickeln und umzusetzen, allerdings wollte mein damaliger Geschäftsführer am Ende immer das letzte Wort haben und die Entscheidung selbst treffen. Da ich keinen Zugriff auf die notwendigen finanziellen Mittel hatte, war ich nicht handlungsfähig. Dass man meinen Konzepten oftmals mit »Das ist gut, aber …« begegnete, hat mich extrem demotiviert. Anstatt einfach mal etwas auszuprobieren und umzusetzen, diskutierten wir immer wieder, ohne den nächsten Schritt zu gehen. Dabei wurde mir bewusst, dass meine Vision und meine Gedanken nicht mit denen meines Geschäftsführers harmonierten. Da ich stets fest an das glaube, was ich gerade tue, war es für mich Zeit, zu gehen und mein eigenes Unternehmen zu gründen. Der Geschäftsführer hat seine Entscheidungen immer auf Basis seines Wertesystems getroffen und ist damit in der Rolle des Gründers geblieben. Die Verantwortung liegt noch heute bei ihm und sein Unternehmen läuft so, wie er sich das vermutlich vorstellt. Kurz gesagt. Wir hatten eine unterschiedliche Perspektive auf die Realität. Ich sah die Zitrone blau, und bei ihm war sie orange. Wir fanden keine gemeinsame Basis.

Mir ist dabei klar geworden, dass die Werte und Prinzipien des Unternehmens eine elementare Bedeutung für die Übertragung von Verantwortung haben. Wenn unsere Mitarbeiterin eine Entscheidung im Bereich Marketing treffen möchte, dann kann sie das jederzeit völlig frei tun. Wenn ich als Unternehmer nicht mit dieser Entscheidung einverstanden bin, dann muss ich das auf Basis unserer Werte und Prinzipien begründen. Beispielsweise ist es uns wichtig, dass unsere Produkte und Dienstleistungen das Umfeld verbessern, in dem Menschen arbeiten. Wenn wir nun Werbung machen würden, die Menschen Angst macht oder sie verunsichert, dann würde das nicht unseren Werten entsprechen und ich könnte ihre Entscheidung begründet anzweifeln. In einer solchen Situation gehen wir in einen offenen Dialog und sprechen darüber, wie wir die Werbung im Rahmen unserer Werte gestalten können.

Wenn ich den Sprung vom Gründer zum Unternehmer machen will, dann muss mir bewusst sein, wie mein Ego tickt. Das Ego ist das eigene Ich und meine Perspektive auf die Welt. Es spiegelt meine Gedanken und Handlungen wider. Wenn ich beispielsweise beim Monopoly gegen meine Freunde verliere und mich lauthals darüber ärgere, dann spricht mein Ego. Ich bin auf mich selbst zentriert. Wahrscheinlich kennst du Leute, die sehr schlechte Verlierer sind und immer die Schuld bei anderen suchen. »Du hattest nur Glück beim Würfeln, eigentlich hätte ich gewinnen müssen« hört man dann, oder: »Diese eine Aktion vorhin war eigentlich gegen die Regeln.« Sobald jemand anfängt, die Schuld bei anderen zu suchen, kannst du sicher sein, dass sein Ego verletzt ist. Das Gegenteil von Schuld ist dabei Verantwortung. Du akzeptierst, dass du das Spiel verloren hast, und fragst dich, was du von den anderen lernen kannst, um beim nächsten Mal besser abzuschneiden.

**Menschen spüren, wenn es dir nicht darum geht, ihnen zu helfen, sondern du nur deinen eigenen Vorteil suchst.**

Unabhängig davon, ob du Gründer oder Unternehmer bist: Der Fokus auf dich selbst wird immer zu schlechteren Ergebnisse führen, als wenn du dich darauf konzentrierst, deinen Kollegen zu helfen und ein tolles Produkt für deine Kunden zu erschaffen. Denn Menschen spüren, wenn es dir nicht darum geht, ihnen zu helfen, sondern du nur deinen eigenen Vorteil suchst. Falls du dich mit dem Thema Ego schon einmal intensiver auseinandergesetzt hast, kommt dir bestimmt der Gedanke, dass man letztlich alles aus dem Ego heraus startet und wir anderen nur helfen, weil wir uns dann selbst besser fühlen. Ich stimme dir zu, und es ist nichts Verwerfliches daran, jemandem zu helfen, weil es einem Glücksgefühle beschert.

Doch es gibt auch hier kein Schwarz oder Weiß. Je nach Situation kannst du zwischen der Rolle des Gründers oder der des Unternehmers wechseln. Als Gründer entwickelst du neue Ideen, setzt Dinge um und arbeitest aus Leidenschaft. Du bist auf die Vision fokussiert und baust etwas auf. Als Unternehmer fokussierst du dich darauf, dass das Team gut funktioniert und dass deine Idee in ein skalierbares System übergeht. Wichtig ist dabei, dass du bereit bist, deine Idee loszulassen und sie der Verantwortung von jemand anderem anzuvertrauen. Wenn du alles allein tun möchtest, wirst du keine positive Veränderung bewirken können, und das Skalieren wird dir schwerfallen.

## Wie du dein Unternehmen ausrichten kannst

Das folgende Kapitel ist ein konkreter Zehn-Schritte-Plan, mit dem du dich, dein Team oder auch dein Unternehmen neu ausrichten kannst. Ich habe sehr gute Erfahrungen damit gemacht, alle Schritte des Plans in einem Drei-Tage-Workshop durchzuführen und danach direkt mit der Umsetzung zu starten.

Im folgenden Beispiel gehe ich davon aus, dass du Geschäftsführer bist und ein Team von 20 Menschen hast. Dieser Workshop funktioniert allerdings genauso gut, wenn du Teamleiter in einem Konzern bist oder einfach nur Struktur für dich selbst suchst. In drei Tagen lässt sich nicht die Welt retten und schon gar nicht alles verändern. So realistisch bist du garantiert, und ich bin es auch. Aber (und das ist ein großes Aber!) es geht nicht darum, die Lösung zu finden, sondern dein Hirn darauf zu programmieren, die Wahrnehmung der Realität zu verändern und zu schärfen.

Ganz einfach erklärt, bedeutet das: Gerade in diesem Moment liest du dieses Buch vermutlich mit voller Konzentration. Obwohl du dich aktiv auf das Lesen dieser Zeile konzentrierst, nimmst du trotzdem noch viel mehr als das wahr. Lenke einmal bewusst deine Aufmerksamkeit auf all das, was um dich herum passiert. Dein Gehirn ist eine geniale Filtermaschine und stellt dir aus Millionen von Informationen, die es erhält, immer genau die zur Verfügung, die gerade für dich relevant sind. Was dabei relevant ist, hast du dir durch deine Gedanken und Handlungen selbst beigebracht.

Mit Anfang zwanzig wollte ich mir einen Traum erfüllen und einen 3er-BMW kaufen. Als ich die Entscheidung getroffen und damit begonnen hatte, nach potenziellen Gebrauchtwagen zu schauen, sah ich auf einmal überall 3er-BMWs. Da ich so oft an dieses Auto dachte und bewusst danach Ausschau hielt, sah mein Gehirn diese Information als relevant an, und die 3er-BMWs fielen mir immer wieder auf.

Genau dieses Bewusstsein wollen wir mit dem Workshop erreichen. Wenn ihr den Workshop durchgeführt habt, gibt es einen klaren Rahmen, in dem ihr euch bewegt, und konkrete Ergebnisse, die ihr innerhalb der nächsten drei Monate liefert. Dein Gehirn wird während der Umsetzung wie von alleine Dinge sehen, die getan werden müssen, um die Ziele zu erreichen. Je mehr Klarheit ihr habt und je öfter ihr euch die Ergebnisse des Workshops bewusst macht, desto mehr wird dein Gehirn dir dabei helfen, diese Ergebnisse zu erreichen. Dadurch werden die Produktivität und der Spaß steigen, denn Ergebnisse zu liefern und erfolgreich zu sein, fühlt sich einfach gut an.

Bevor wir mit dem Workshop beginnen, möchte ich noch vier wichtige Punkte besprechen.

Der erste Punkt ist der Moderator. Ihr solltet vor Beginn des Workshops eine Person bestimmen, die während des Workshops als neutraler Moderator fungiert. Es wird an vielen Punkten lange Diskussionen zwischen einzelnen Personen geben, und es braucht jemanden, der den Fokus immer wieder auf das Wichtige lenkt, damit das Ziel erreicht wird.

Das bringt uns zum zweiten Punkt. Der Moderator darf jederzeit eine Diskussion beenden. Dafür gibt es verschiedene Möglichkeiten. Beispielsweise kann ein offener Punkt formuliert und auf einen »Parkplatz« geschoben werden. Alle Punkte auf dem Parkplatz werden dann zu einem späteren Zeitpunkt diskutiert, wenn sie sich nicht im Laufe des Workshops von alleine auflösen. Eine weitere Möglichkeit ist das »Anzählen« einer Diskussion. Der Moderator kann für ein Thema einen Zeitrahmen setzen. Zum Beispiel: »Es darf noch drei Minuten diskutiert werden, bevor es weitergeht.« Nach diesem Zeitslot kann das gesamte Team mittels Votum entscheiden, ob das Thema relevant ist und weiter besprochen werden soll. Daumen hoch heißt weitere drei Minuten, Daumen neutral heißt: ich folge den anderen, Daumen runter heißt, dass das Thema beendet ist.

Der dritte Punkt sind die verschiedenen Persönlichkeitstypen, die in deinem Unternehmen arbeiten und an dem Workshop teilnehmen werden. Ein analytisch denkender Mensch, der sich »Zahlen, Daten, Fakten« wünscht, braucht andere Informationen als ein impulsiver Kreativer. Genauso wird es Menschen geben, die eher zurückhaltend sind und nicht im Mittelpunkt stehen möchten. Diese ruhigen Menschen haben häufig viel wertvolles Wissen und sollten daher unbedingt eine Stimme bekommen. Bei allen Schritten ist es wichtig, darauf zu achten, dass alle Persönlichkeitstypen mit einbezogen sind.

Der vierte Punkt ist die Vorbereitung. Als Geschäftsführer solltest du den Workshop mit deinem Moderator schon einmal durchgesprochen haben, sodass du weißt, was euch erwartet. Das bedeutet nicht, dass du von vornherein bestimmte Antworten und Lösungen vorgibst. Nimm dich zurück, hör dir alles an, was dein Team zu sagen hat, und sprich immer als Letzter. Dadurch gibst du deinem Team die Möglichkeit, sich zu entfalten, und es wird häufiger, als du denkst, die Situation geben, dass du gar nichts mehr sagen musst, weil dein Team die Lösung gefunden hat.

Der Rahmen des Workshops ist ebenfalls von großer Bedeutung. Er sollte möglichst nicht in den gewohnten Büroräumen stattfinden. Durch das Verlassen des Alltags kann sich das Team besser fokussieren. Das bedeutet aber auch, dass jeder Teilnehmer für die Zeit des Workshops keine anderen Aufgaben haben darf. Telefone oder Laptops sollten innerhalb der Arbeitssessions nur für Recherchen genutzt werden. Genauso sollte genügend Material in Form von Klebezetteln, Stiften, Pinnwänden und Getränken vorhanden sein. Ihr werdet sehr viele Informationen sammeln und braucht dementsprechend viel Platz in Form von freien Wänden.

## Einleitung: Den Rahmen des Workshops setzen

**»Für jede Aussage mit dem Wortlaut ›das geht nicht, weil …‹ werden drei Wege gesucht, wie es doch geht.«**

Zu Beginn des Workshops erklärt der Moderator den Sinn und Zweck der nächsten Tage, inklusive der Agenda. Danach geht es direkt los, indem gemeinsam mit dem Team der »Code of Honor« erarbeitet wird. Dieser enthält alle Spielregeln und bildet somit den Rahmen des Workshops. Beispielsweise könnte dort stehen: »Die Pausen werden pünktlich angefangen und beendet« oder: »Für jede Aussage mit dem Wortlaut ›das geht nicht, weil …‹ werden drei Wege gesucht, wie es doch geht.« Mir persönlich wäre es wichtig, dass »gegenseitige Wertschätzung«, »ausreden lassen« und *»no bullshit«* im Code of Honor verankert sind. Das sollte zwar selbstverständlich sein, aber häufig zeigt sich, dass gerade die Wertschätzung ignoriert wird.

Wichtig ist auch, die Konsequenzen festzulegen, falls jemand gegen den Code of Honor verstößt. Beispielsweise könnte derjenige ein Lied vor der Gruppe singen oder kalt duschen müssen. Geldstrafen, die am Ende für wohltätige Zwecke gespendet werden, bieten sich ebenfalls an.

Sobald der Code of Honor festgelegt ist und jedem klar ist, was in den folgenden Tagen passiert, geht es mit dem ersten Schritt los.

## Schritt 1: Das Warum herausfinden

Über das Warum des Unternehmens haben wir zu Beginn des Buches ausgiebig gesprochen. In diesem ersten Schritt des Workshops werden Kleingruppen gebildet, die über das Warum des Unternehmens diskutieren. Dazu bietet sich die Methode »5 Warums« an. In dieser stellt sich das Team fünfmal die Frage, warum es das Unternehmen gibt. Ich gebe dir ein Beispiel aus unserer Gründungszeit:

F: **Warum** gibt es die Digital Native Xperience GmbH?
A: Wir helfen Unternehmern dabei, die Herausforderungen der Digitalisierung zu meistern und starke Teams aufzubauen.
F: **Warum** helfen wir Unternehmern dabei, die Herausforderungen der Digitalisierung zu meistern und starke Teams aufzubauen?
A: Damit die Unternehmen langfristig wachsen können.
F: **Warum** wollen wir, dass Unternehmen langfristig wachsen?
A: Damit sie die finanziellen Mittel haben, mit denen Menschen etwas Neues ausprobieren können.
F: **Warum** wollen wir, dass Menschen etwas Neues ausprobieren können?
A: Weil Menschen, die neue Dinge ausprobieren, sich selbst verwirklichen können.
F: **Warum** sollten Menschen sich selbst verwirklichen können?
A: Weil sie dann einen positiven Einfluss auf ihr Umfeld haben.

Du merkst, dass ich jetzt wieder »warum?« fragen könnte. Die Zahl fünf ist symbolisch und kann beliebig erweitert werden. Spannend wird es, wenn auf die Frage »warum?« immer wieder die gleichen Antworten kommen, denn dann habt ihr vermutlich das Warum gefunden. Die Teams stellen einander nach dieser Übung ihre Ergebnisse vor, und im Idealfall stimmen die Ergebnisse überein.

Die Konsequenz dieser Aufgabe ist mir besonders wichtig: Jeder Mitarbeiter hat einen Grund, warum er zu deiner Firma gekommen ist. Sein persönliches Warum sollte daher mit dem Warum des Unternehmens

**Jeder Mitarbeiter hat einen Grund, warum er zu deiner Firma gekommen ist.**

zum größten Teil übereinstimmen. Wenn es zwischen den einzelnen Menschen große Unterschiede in der Interpretation des Warum des Unternehmens gibt, dann fehlt die Klarheit. Das bedeutet aber auch, dass Entscheidungen auf unterschiedlicher Basis getroffen werden. In unserem Unternehmen ist die Lebensfreude besonders wichtig. Wenn ich nun jemanden eingestellt hätte, der nur des Geldes wegen arbeitet und dem seine Mitmenschen egal sind, werden wir zwangsläufig einen Konflikt bekommen. Wenn ihr in dieser Übung herausfindet, dass ihr unterschiedliche Ansichten habt, ist das vollkommen in Ordnung. Durch die Klarheit gibt es nun die Möglichkeit, darüber zu reden und einen gemeinsamen Weg zu finden. Dabei gibt es kein Richtig oder Falsch!

Das Ergebnis des ersten Schrittes ist eine klare Definition des Warum des Unternehmens. Diese ist die Energie, die das Unternehmen antreibt, und bildet die erste Ecke des Rahmens.

## Schritt 2: Die Vision formulieren

Im zweiten Schritt wird die Vision des Unternehmens über einen Zeitraum von 25 Jahren festgelegt. Es ist dabei wichtig, abstrakt zu sein und kein konkretes Ziel zu formulieren. Die Antwort auf die Frage: »Was wird sich durch unser Unternehmen in 25 Jahren auf der Welt verändert haben?« liefert häufig ausgezeichnete Antworten. Die Vision ist der Nordstern des Unternehmens und gibt die grobe Richtung vor. Sobald sich eine Person aus dem Team konkret vorstellen kann, wie die Vision erreicht wird, ist sie zu klein gedacht. Fragen wie: »Wie sollen wir das denn machen?« oder »Ist das wirklich realistisch?« deuten auf eine gute Vision hin. Stell dir vor, dass du deine Vision jemand Fremdem erzählst. Wenn es vollkommen außerhalb seiner Vorstellungskraft ist, dass das klappen kann, hast du eine gute Vision gefunden. Ein Beispiel ist Elon Musk. Er möchte, dass die Menschen langfristig im Weltall leben. Hört sich jetzt noch relativ verrückt an, aber wer weiß, ob es in zwanzig Jahren nicht tatsächlich so sein wird? Der Hintergrund ist die Veränderung unserer Perspektive. Dein Gehirn wird andere Chancen wahrnehmen und ihr werdet mehr erreichen, als ihr euch heute vorstellen könnt.

Eine schnell anzuwendende Methode ist das Verfassen von Überschriften für Zeitungsartikel. Jeder schreibt auf, was er in 25 Jahren in seiner Lieblingszeitung über das Unternehmen lesen wird. Dabei könnt ihr euch gerne an aktuellen Überschriften der Boulevard-Medien orientieren. Nachdem jeder eine Überschrift aufgeschrieben hat, werden diese im Team diskutiert, bis ein gemeinsames Bild entsteht. Es kann auch sein, dass sich dieses Bild aus mehreren Perspektiven zusammensetzt. Um die Vision zum Leben zu erwecken, könnt ihr im Team eine Challenge starten. Ihr legt einen Abend fest, an dem ihr gemeinsam etwas essen geht. Dort redet ihr so miteinander, als wenn ihr in der Zukunft seid. Eure Vision ist zur Realität geworden. Ihr erzählt euch, wie sich euer Leben heute anfühlt und was alles passiert ist.

**Jeder schreibt auf, was er in 25 Jahren in seiner Lieblingszeitung über das Unternehmen lesen wird.**

Wichtig ist, dass ihr am Ende dieses Schrittes eine klar formulierte Vision habt. Diese bildet die zweite Ecke des Rahmens.

## Schritt 3: Werte und Prinzipien festlegen

Im dritten Schritt werden die Werte und Prinzipien festgelegt. Der Grund dafür ist von höchster Wichtigkeit. Auf Basis dieser Werte und Prinzipien werden später Entscheidungen getroffen. Zwar wissen wir häufig, was die für den Moment richtige Entscheidung ist, allerdings wollen wir die Verantwortung dafür nicht übernehmen. Ich erlebe oft eine Angst vor Konsequenzen und den Wunsch, sich durch die Meinung der Führungskraft abzusichern. Wenn wir Entscheidungen treffen, wollen wir sicher sein, dass es eine gute und richtige Entschei-

**Dieses Gefühl der Sicherheit und des Vertrauens entsteht häufig dann, wenn wir Klarheit und Orientierung haben.**

dung ist. Dieses Gefühl der Sicherheit und des Vertrauens entsteht häufig dann, wenn wir Klarheit und Orientierung haben.

Wolfgang, ein befreundeter Unternehmer, befand sich in der Produktion eines neuen Ausbildungsprogramms. Teile dieser Ausbildung sollten per Video zur Verfügung gestellt werden. Sein Head of Creatives, Alex, war für die Produktion der Videos verantwortlich und hatte festgelegt, dass alle Videos mit zwei Kameras und somit aus zwei Perspektiven gefilmt werden. Als Lars, einer der Dozenten, seine Videos drehen sollte, wollte er unbedingt aus drei Perspektiven filmen, weil dadurch die Professionalität steigen würde. Die Diskussion zwischen den beiden führte dazu, dass Wolfgang in seiner Rolle als Geschäftsführer um eine Entscheidung gebeten wurde. Obwohl Alex als Verantwortlicher die Entscheidung selbst hätte treffen können, war er nicht bereit, die Verantwortung für diese Entscheidung zu tragen. Er konnte zwar begründen, dass zwei Perspektiven ausreichen, allerdings stellte diese Begründung Lars nicht zufrieden. Dieser wollte die beste Qualität für sein Video. Mittlerweile hat Wolfgang mit seinem Team zwei Prinzipien festgelegt, die solche Entscheidungen erleichtern sollen. Das erste Prinzip lautet: Wir produzieren die höchstmögliche Qualität zu geringen Kosten. Das zweite Prinzip lautet: Unsere Kunden haben ein einheitliches Erlebnis. Auf Basis dieser Prinzipien hätte Alex problemlos entscheiden können, dass es bei zwei Kameras bleibt. Das hätte den dreien Zeit, Geld und Nerven gespart.

Die dritte Kamera hätte zwar den Aspekt der Qualität um ein paar schwer zu messende Prozente erhöht, die Kosten allerdings ebenfalls um 30 %. Des Weiteren hätten die Kunden alle Videos mit zwei Perspektiven gesehen und die Videos von Lars mit drei, was kein einheitliches Erlebnis mehr dargestellt hätte. Werte und Prinzipien auszuwählen, ist ein lohnendes Unterfangen.

Das Ergebnis des dritten Schrittes ist eine klare Definition der Werte und Prinzipien des Unternehmens. Diese sind die Basis jeder Entscheidung und Handlung innerhalb des Unternehmens. Sie bilden die dritte elementare Ecke des Rahmens.

## Schritt 4: Die Produkte beschreiben

Im vierten Schritt werden alle Produkte aufgeschrieben, an denen das Unternehmen gerade arbeitet. Hierbei ist eine Gruppierung nach Kategorien unbedingt notwendig. Meine Familie besitzt in dritter Generation eine Schreinerei. Hier alle Produkte aufzuzählen, würde Stunden dauern. Kategorisiert wären es Denkmalschutz, Innenausbau, Türen und Fenster, Überdachungen und Baustellenorganisation. Die Aufgabe ist nun, die relevanten Produkte aufzuschreiben und in verschiedene Kategorien aufzuteilen. Danach können wir aufschreiben, welches Kundenproblem mit unserem Produkt gelöst wird. Dies sollte normalerweise innerhalb weniger Minuten erledigt sein. Wenn nicht, ergibt sich eine neue Aufgabe. Bei jedem Produkt sollte klar sein, welchen Vorteil es für den Kunden hat. »Nach meinem achtwöchigen Coaching wirst du deinen Umsatz innerhalb von zwölf Monaten um 15 % steigern.« Oder: »Mit diesem Haartrockner kannst du dein Haar innerhalb von wenigen Minuten trocknen.« Jedes Produkt löst ein Problem, und jedem sollte klar sein, welches das ist.

Wichtig ist, auch jene Produkte aufzuschreiben, die nicht direkt an den Kunden verkauft werden. beispielsweise Social-Media-Kanäle oder die Buchhaltung. Falls jemand eine Idee für ein neues Produkt hat, kann dieses ebenfalls aufgeschrieben werden.

Das Ergebnis dieses Schrittes ist eine klare Sicht auf eure Produkte und deren Nutzen für den Kunden. Diese Übersicht brauchen wir für Schritt 7.

## Schritt 5: Die Strategie für die nächsten 36 Monate festlegen

Im nächsten Schritt geht es darum, eine konkrete Strategie zu entwickeln. Diese sollte auf 36 Monate ausgelegt sein. Sie enthält Ziele und beschreibt die Umsetzung der Unternehmensvision. Ich erlebe an diesem Punkt immer wieder intensive Diskussionen: »Können wir denn überhaupt wissen, was wir in den nächsten 36 Monaten tun sollen?« oder »Es ist nicht agil, so lange im Voraus zu planen!«. Hier widerspreche ich, denn Agilität bedeutet nicht, planlos zu sein, es bedeutet, den Plan anzupassen, wenn es notwendig ist.

Ein Automobilhersteller könnte beispielsweise die Vision haben, Mobilität so einfach und schnell bereitzustellen, dass wir jeden Punkt der Welt innerhalb von wenigen Stunden bereisen können. Diese Vision will er in 25 Jahren erreicht haben. Dafür wurden in den letzten Jahrzehnten viele Millionen Euro in die Forschung und Entwicklung von Verbrennungsmotoren investiert. Nun entwickelt sich der Trend hin zur Elektromobilität. Ein agiles Unternehmen verändert nun seine Strategie und seine Produkte, indem es Elektromotoren entwickelt und Autos baut, die als Hybrid oder rein elektrisch fahren können. Die Vision bleibt die gleiche, die Strategie definiert den Weg. Ohne eine klare Strategie und ein Ziel, das innerhalb der nächsten 36 Monate erreicht wird, fehlt es an Klarheit und Orientierung. An diesem Punkt möchte ich kurz erwähnen, dass die Strategie mindestens jährlich, besser quartalsweise überprüft und gegebenenfalls angepasst werden sollte.

Das Ergebnis ist ein ungefährer Plan, auf dem steht, welche Ziele das Unternehmen in den nächsten Monaten erreichen wird. Es gibt klar definierte Zahlen zu Themen wie Anzahl der Mitarbeiter, Umsatz und Gewinn. Je genauer die Strategie beschrieben ist, desto eher wird sie eintreffen. Jeder Mitarbeiter sollte die Strategie kennen und wissen, was sein eigener Beitrag zu dieser Strategie ist.

## Schritt 6: OKRs auf Unternehmensebene festlegen

Im nächsten Schritt geht es ganz konkret um die nächsten drei Monate. Diese können beispielsweise mit OKRs festgelegt werden. Kurz zur Auffrischung: Das Objective beschreibt, was erreicht werden soll, die Key Results beschreiben, anhand welcher Kriterien das Erreichen der Ziele gemessen wird.

Zuerst werden auf Unternehmensebene drei bis fünf Objectives festgelegt. Dabei ist es sinnvoll, mit nicht allzu vielen Objectives zu starten. Wir neigen dazu, diese nach Verantwortlichkeiten zu schneiden. Auf Unternehmensebene müssen die Objectives allerdings übergreifend auf die Vision und die Strategie einzahlen. Sie sind der erste Umsetzungsschritt. Das OKR ist keiner bestimmten Person zugeordnet. Am Beispiel des Automobilherstellers könnte ein OKR so aussehen:

Objective: Wir haben den ersten Prototyp eines Elektroautos am Markt getestet.

Die Key Results sind:

1. Prototyp ist gebaut und kann 10 km fahren
2. Prototyp wurde von fünf Kunden getestet
3. Entwicklungsplan zur »Serienreife in 24 Monaten« ist in der ersten Version vorhanden
4. Kundenumfrage mit mindestens 1000 Teilnehmern zum Thema Elektromobilität durchgeführt

An diesem Objective sind diverse Abteilungen, vom Marketing bis hin zur Entwicklung, beteiligt.

Das Ergebnis dieses Schrittes sind messbare Ergebnisse, die das Unternehmen in drei Monaten erreicht hat.

## Schritt 7: Die Aufgaben aufschreiben

Wir kennen nun alle Produkte und wissen, welche Ziele wir innerhalb der nächsten 36 Monate und konkret messbar innerhalb der nächsten drei Monate erreichen wollen. Jetzt stellt sich die Frage, was alles dafür notwendig ist, um die OKRs zu erreichen.

Dafür nimmt sich das Team Klebezettel und klebt an jedes Produkt Zettel mit allen notwendigen Aufgaben. Was muss getan werden, damit dieses Produkt erfolgreich funktioniert? Am besten unterteilt ihr die Aufgaben direkt mittels Farben. Aktuell wird es verschiedene Abteilungen geben, die miteinander arbeiten. Jede Abteilung sollte eine eigene Farbe benutzen. Dadurch wird schnell ersichtlich, wer wie viel Energie für welches Produkt verwendet. Bei vielen Aufgaben wird sich auch intuitiv eine zeitliche Reihenfolge ergeben. Wenn ich beispielsweise dieses Buch schreibe, muss ich zuerst das Titelbild fertig haben, bevor ich das Buch zum Vorbestellen anbieten kann. Bevor ich es verkaufe, muss es gedruckt sein.

Nachdem ihr alle Aufgaben aufgeschrieben und sortiert habt, entsteht Klarheit über alle relevanten Arbeiten, um die Produkte und die OKRs zu erreichen.

Das Ergebnis ist eine klare Sicht auf die Arbeiten und Aufgaben, die erledigt werden müssen.

## Schritt 8: Den Teamschnitt festlegen

Jetzt geht es darum, mithilfe der Produkte und der OKRs den Teamschnitt festzulegen. Wie sollten wir im Idealfall zusammenarbeiten, um die besten Ergebnisse zu produzieren? Hier ist es wichtig, zwischen temporärer Zusammenarbeit und Organisation zu unterscheiden. Jeder Mitarbeiter ist mit einer bestimmten Bezeichnung (z. B. Business Analyst) einer bestimmten Stelle zugewiesen. Er hat vielleicht eine disziplinarische Führungskraft, und an seine Stelle sind bestimmte Verantwortungen gebunden. Es gibt einen Grund, warum du diesen Mitarbeiter damals eingestellt hast, und er sollte weiterhin jederzeit Klarheit über seine Aufgaben haben.

Mit der temporären Zusammenarbeit ist gemeint, dass für das Erreichen bestimmter Teilergebnisse eines Key Result bestimmte Fähigkeiten notwendig sind. Es sollte den Menschen freigestellt sein, ihre Arbeitskraft selbst einzuteilen, solange sie ihren Verantwortungen und Verpflichtungen nachkommen.

Am Beispiel des fiktiven Unternehmens »Bildung GmbH« könnte dies folgendermaßen aussehen. Es gibt drei primäre Produkte. Das erste sind Weiterbildungsseminare mit maximal 20 Teilnehmern, die jeweils drei Tage dauern. Das zweite ist ein großes Event, auf das 4000 Menschen kommen. Das dritte sind freie Informationen, wie beispielsweise ein Podcast, ein YouTube-Kanal und ein Blog. Für alle Produkte werden Mitarbeiter aus dem Creative Team gebraucht. Ein temporäres Team würde bedeuten, dass für jedes Produkt ein Team gebildet wird, das alle Fähigkeiten beinhaltet, um das jeweilige Produkt (Event, Seminare oder freie Informationen) aufzubauen und durchzuführen.

Das Ergebnis dieses Schrittes ist maximale Klarheit für alle Mitarbeiter über die Zusammenarbeit. Es sollte sich ein positives Team-Gefühl entwickeln.

## Schritt 9: Die persönlichen OKRs definieren

Jetzt geht es um den persönlichen Beitrag, den jeder zum Erfolg des Unternehmens leistet. Da die Objectives auf Unternehmensebene eindeutig sind, kann jeder Einzelne drei bis fünf persönliche Objectives definieren, die auf das Erreichen der Key Results der Unternehmens-OKRs einzahlen. Dabei sollte jeder seine eigenen Stärken im Fokus behalten und den maximalen Mehrwert generieren. Auch hier empfehle ich, am Anfang lieber weniger Objectives zu nehmen.

Sobald jeder für sich die Klarheit gewonnen hat, werden die Ergebnisse vorgestellt. Hier wird es wahrscheinlich viele Diskussionen über Synergien geben, und die OKRs passen sich gegebenenfalls an.

Das Ergebnis dieses Schrittes sind ganz klare messbare Ergebnisse für die nächsten drei Monate.

## Schritt 10: Entscheidungskompetenzen definieren

**Du musst dir im Klaren sein, dass deine Kollegen wahrscheinlich einen anderen Weg wählen, um ein Ergebnis zu erarbeiten, als du das tätest.**

Im letzten Schritt entscheidet jeder, welche Entscheidungskompetenz er braucht, um die angedachten OKRs erledigen zu können. Braucht es beispielsweise die freie Entscheidung über ein Budget, und wenn ja, wie groß soll es sein? Bis zu welcher Grenze darf jemand selbst entscheiden, und ab wann muss der Geschäftsführer gefragt werden? Dabei gibt es verschiedene Methoden, mit denen das Delegieren Schritt für Schritt erlernt werden kann. Wichtig ist hier das Thema Vertrauen. Sobald du in einem Team arbeitest, solltest du darauf vertrauen, dass deine Kollegen die Aufgaben mit Sorgfalt und gutem Ergebnis erledigen. Dabei musst du dir im Klaren sein, dass deine Kollegen wahrscheinlich einen anderen Weg wählen als du, um ein Ergebnis zu erarbeiten.

Ich erlebe das oft, wenn ich bei Freunden zum Grillen eingeladen bin. Etwas in mir sagt, dass ich besser selbst grillen sollte, weil ich das besser kann. Dann sticht beispielsweise jemand mit der Gabel ins Fleisch, um es zu wenden, und ich denke mir: »Mann, das kannst du doch nicht mit der Gabel machen! Da geht der ganze Saft verloren und das Fleisch wird trocken.« Jetzt habe ich drei Möglichkeiten. Die erste ist, dass ich mich die ganze Zeit innerlich damit beschäftige, dass eigentlich ich der Grillmeister sein sollte, und mich ärgere. Die zweite ist, den Job zu übernehmen und es selbst zu tun. Die dritte ist, auf die Person am Grill zu vertrauen und einfach einen schönen Grillabend zu genießen.

Da jedes OKR eindeutig messbar ist, könnt ihr am Ende schnell gemeinsam entscheiden, ob die Aufgabe vollständig erledigt wurde. Wie die Aufgabe erledigt wurde, ist meistens zweitranging. Natürlich solltet ihr aus Fehlern lernen und euch den Weg anschauen.

Je mehr Vertrauen zwischen den Führungskräften und den Mitarbeitern herrscht und je selbstverantwortlicher jemand entscheiden darf, desto mehr wird er sein Potenzial ausschöpfen und Leidenschaft in die Arbeit stecken. Denk immer daran, dass jeder sich um seinen Haushalt kümmert und in der Lage ist, ein Auto zu kaufen. Wenn du das Gefühl hast, dass deine Kollegen in bestimmten Bereichen noch hinderliche Denkmuster haben, dann solltest du dir die Frage stellen: »Wie kann ich hier helfen?«

Das Ergebnis dieses Schrittes ist Klarheit über den Rahmen, in dem Entscheidungen getroffen werden können.

## Der Abschluss durch Commitment

Bisher haben wir nur drei Ecken des Rahmens beschrieben. Das Warum, die Vision und die Werte und Prinzipien. Die vierte Ecke ist aus meiner Sicht der Mensch, unser Miteinander und die eigene Verpflichtung (im Business auch oft Commitment). Stehen alle mit Herz und Leidenschaft für die Umsetzung der Vision und das Erreichen der festgelegten Ziele ein? Oder gibt es noch Unklarheiten und Zweifel? Wenn ja, ist jetzt der richtige Zeitpunkt, um diese aufzulösen.

Danach geht es in die Umsetzung, welche ich im nächsten Kapitel besprechen werde. Wichtig ist, dass dieser Workshop keine einmalige Sache bleiben sollte. Im Idealfall wird er jährlich durchgeführt oder auch öfter, falls viele neue Mitarbeiter ins Unternehmen gekommen sind. Der Rahmen wird sich immer wieder verändern, es bleibt ein unendliches Spiel.

# Die Umsetzung – Dranbleiben

## Vorbereitung – den richtigen Weg wählen

Was glaubst du, welche Möglichkeiten sich in deinem Unternehmen ergeben würden, wenn ihr die zehn Schritte durchgeführt und beantwortet hättet? Lass uns davon ausgehen, dass es bei dir absolute Klarheit gibt und du mit deinen Kollegen nur darauf wartest, die Welt zu verändern. Es gibt jetzt nur noch eine Sache zu tun: die Umsetzung. Dabei bedeutet Umsetzung für mich, mit den verfügbaren Ressourcen das bestmögliche Ergebnis zu produzieren und dass das Team bei der Umsetzung Spaß, Freude und viel Energie hat.

**Eine Methode darf niemals zum Selbstzweck angewendet werden.**

Die tollste Vision, die logischste Strategie und das motivierteste Team helfen nichts, wenn die PS nicht auf die Straße kommen. Daher fasse ich in diesem Kapitel die Methoden und Möglichkeiten aus Teil 1 und Teil 2 dieses Buches so zusammen, dass du dich mit deinem Team direkt an die Umsetzung machen kannst. Ich durfte in den letzten zehn Jahren unzählige Methoden kennenlernen und habe eine Sache dabei erkannt: Eine Methode darf niemals zum Selbstzweck angewendet werden. Sie muss uns dabei helfen, den Rahmen zu stärken und produktiv zu arbeiten. Wenn ein Teil einer Methode nicht zu unserem Team passt, dann verändern wir sie einfach, mit dem Ziel, irgendwann den »perfekten« Modus gefunden zu haben. Da du allerdings schon weißt, dass wir uns in einem unendlichen Spiel befinden, ist dir bestimmt auch klar, dass es diesen »perfekten« Modus nicht gibt. Wir müssen uns ständig den Gegebenheiten anpassen.

Um die richtige Methode auszuwählen und mit der Umsetzung zu starten, hilft es, die Produkte und Herausforderungen auf der Stacey-Matrix einzuordnen. Diese beschreibt die Klarheit der Methode oder Technik im Verhältnis zur Klarheit oder Übereinstimmung der Anforderungen. Sie wurde vom britischen Managementprofessor Ralph Douglas Stacey erfunden, der sich auf Organisationstheorie und komplexe Systeme spezialisiert hat.

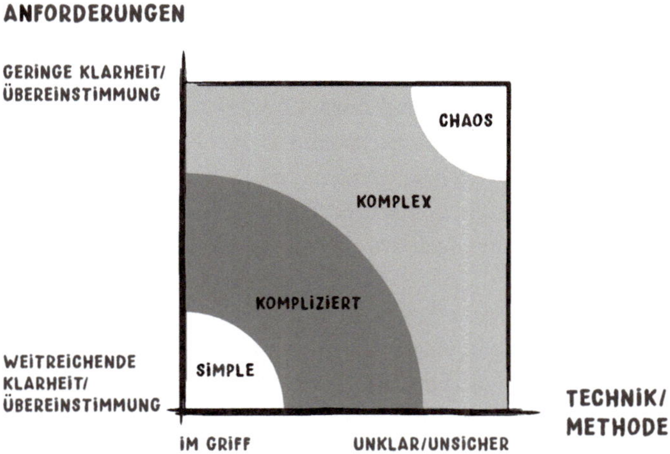


Die einfachsten bzw. simpelsten Aufgaben sind solche, bei denen klar ist, *was* zu tun ist und *wie* es zu tun ist. Hierzu zählt beispielsweise die Buchhaltung. Du kennst die Prozesse und weißt genau, was zu tun ist, wenn eine neue Rechnung kommt. Es gibt hier selten offene Fragen oder Veränderungen, und die Tätigkeiten gehören zur Routine.

Spannend wird es, sobald die Anforderungen unklar sind oder der zu verwendende Prozess offen ist. Es wird kompliziert, und wir brauchen einiges an Zeit, um die Kontrolle über die Situation und die Aufgaben zu erlangen.

In einem komplizierten Bereich ist häufig unbekannt, welche Aufgabe als Nächstes kommt. Allerdings ist klar, wie mit dieser Aufgabe umgegangen wird. Ein gutes Beispiel ist ein Call Center, das Kundenanliegen bearbeitet. Der Kundenberater kann nie wissen, mit welchem Anliegen der Kunde anruft, allerdings wird er mit der Zeit für jedes Problem eine Lösung haben und kann die Anrufe einen nach dem anderen abarbeiten. Hier bietet sich eine Methode wie Kanban an.

Wenn allerdings weder die Anforderungen noch der Prozess klar sind, wird es komplex. Die Gegebenheiten verändern sich immer wieder. Hier bietet sich ein hypothesengetriebenes Arbeiten an. Wir definieren, welchen Weg wir innerhalb der nächsten drei Wochen ausprobieren wollen, probieren ihn aus und überprüfen danach das Ergebnis. Wir lernen dann daraus und stellen die nächste Hypothese auf. Dieses Vorgehen wird z. B. durch Scrum abgebildet.

Wenn du beispielsweise neu in einer Stadt bist, ist die Straßenführung erstmal kompliziert. Mit ein wenig Übung wirst du sie allerdings meistern und ohne Probleme fahren können. Der Unterschied von kompliziert zu komplex ist die Ungewissheit in der Veränderung. Wenn es in diesem Straßensystem beispielsweise Straßen gibt, die abhängig von der Verkehrsdichte gesteuert werden, und aus einer normalen Straße, die in beide Richtungen befahren wird, auf einmal ab 9 Uhr eine Einbahnstraße wird und sich die Richtung dieser Einbahnstraße von 11 bis 12 Uhr dann auch noch ändert, wird das System komplex. Häufig wird das Wort »komplex« inflationär verwendet und für Aufgaben benutzt, die eigentlich bloß kompliziert sind.

Wenn wir allerdings so gar nicht wissen, ob und wie unser Produkt funktioniert, sind wir in einem chaotischen Bereich. Diesen Fall erlebe ich gerade, während ich dieses Buch schreibe. Ich hatte an einem entspannten Abend während eines Feierabendbiers gemeinsam mit einem Kumpel die Idee für eine App. Es war einer dieser Abende, an denen wir anfingen, groß zu denken. Uns war relativ schnell klar, dass wir hier von einer Idee sprechen, die mehrere Millionen Euro wert sein könnte. Allerdings gab es zwei große Fragezeichen: Ist die Idee technisch zu verwirklichen? Und: Gibt es Kunden? In einem solchen Fall gibt es für mich nur zwei sinnvolle Möglichkeiten. Ich lege die Idee in eine Schublade und verfolge sie nicht weiter, oder ich baue einen Prototyp. Dafür bietet es sich an, eine Methode wie Design Thinking zu verwenden. Hier wird innerhalb von kürzester Zeit das Bedürfnis des Kunden analysiert und daraufhin ein Prototyp entwickelt. Dieser ist sehr rudimentär und an vielen Stellen weit weg von einer echten Funktionsfähigkeit. Solange er allerdings die Idee verifiziert und der Kunde ihn anfassen kann, erfüllt er seinen Zweck. Wenn die Kunden den Prototyp dann gut finden, wird er so lange weiterentwickelt, bis wir aus dem chaotischen Umfeld in ein komplexes Umfeld wandern und wieder hypothesengetrieben arbeiten können.

Die Aufgabe eines Unternehmers ist es, das Team immer wieder von dem chaotischen Zustand aus über den komplexen und den komplizierten Bereich hin in den simplen Zustand zu überführen. Das führt immer wieder zu spannenden Herausforderungen, und gleichzeitig entsteht ein solides unternehmerisches Fundament. Nicht selten sind die simplen und wenig komplizierten Produkte die, mit denen ein Unternehmen den meisten Umsatz generiert.

**Die Aufgabe eines Unternehmers ist es, das Team immer wieder von dem chaotischen Zustand aus über den komplexen und den komplizierten Bereich hin in den simplen Zustand zu überführen.**

Bevor du mit der Umsetzung startest, mach dir bewusst, in welchem Bereich sich dein Produkt aktuell befindet und welche Methode für dich geeignet ist.

## Mit der Umsetzung beginnen

In der Zusammenarbeit mit Kunden haben sich einige Grundsätze gezeigt, die dabei helfen, die Leistung eines Teams auf die Straße zu bringen. Diese Grundsätze sind an die Methode Scrum angelehnt, folgen der Sprintlogik und befinden sich im komplexen Bereich der Stacey-Matrix.

Ein Sprint ist dabei immer ein geschlossener Zeitraum, in dem ein Ergebnis produziert wird. Der größte Zeitraum ist das OKR mit drei Monaten. Innerhalb dieses Zeitraums kannst du wahlweise alle zwei, drei oder vier Wochen einen Prüfpunkt etablieren. An diesem Punkt werden die erwarteten Ergebnisse intensiv geprüft und eine Reflexion angestellt. Danach wird der nächste Zyklus geplant und wieder gearbeitet. Durch den Fokus auf kurzfristige Ergebnisse gibt es kontinuierlich Erfolgserlebnisse, und es entsteht ein hohes Maß an Transparenz. Probleme und Unklarheiten können frühzeitig erkannt und aufgelöst werden.

Nach dem Workshop befindet ihr euch an Tag 0. Es gibt eine klare Strategie für die nächsten 36 Monate, und es ist klar, welche Ergebnisse innerhalb der nächsten drei Monate geliefert werden. Durch das OKR ist anschließend messbar, ob diese Ergebnisse erreicht wurden. Lass uns einen typischen OKR-Zyklus mit zwei wöchentlichen Sprints durchgehen.

Die folgenden Schritte werden immer wieder durchgeführt.

Startpunkt: Die OKRs für die kommenden drei Monate sind festgelegt.

1. Aufschreiben aller relevanten Aufgaben, um die OKRs zu erledigen
2. Konkretisierung der Aufgaben, sodass diese innerhalb von 16 Arbeitsstunden erledigt werden können
3. Schätzen des Aufwands, der zur Erledigung einer Aufgabe notwendig ist
4. Planung der Aufgaben, die innerhalb der nächsten zwei Wochen erledigt werden
5. Durchführen des Sprints und zwei Wochen lang arbeiten
6. Prüfung der erreichten Ergebnisse: Konnte der geplante Aufwand erledigt werden?
7. Durchführung einer Reflexion: Was lief gut, was lief schlecht?
8. Überprüfung: Wurden die OKRs erreicht?
9. Überprüfung der aufgeschriebenen Aufgaben aus Schritt 1 mit den neuen Erfahrungen
10. Schritt 2 – 9 noch fünfmal wiederholen und dann zu Schritt 11
11. Überprüfung: Wurden die OKRs erreicht?

12. Reflexion des Quartals
13. Feiern der erreichten Ergebnisse
14. Festlegen der OKRs fürs kommende Quartal
15. Zurück zu Schritt 1

Jedes Quartal besteht aus drei Monaten und hat somit ca. 13 Wochen. Da ein Sprint beispielsweise zwei Wochen dauert, bleibt am Ende des Quartals immer eine Woche übrig. Diese kann genutzt werden, um die Erfolge zu feiern und ein großes Teamevent zu veranstalten und um neue OKRs zu planen und vorzubereiten.

In jedem Quartal und Zyklus werdet ihr neue Erfahrungen sammeln und eure Arbeitsweise entsprechend anpassen. Das oben beschriebene Vorgehen hat sich in der Realität als höchst effektiv bewiesen. Nicht direkt ersichtlich ist die Zeit, die für Teambuilding, Konfliktbewältigung und Kultur verwendet werden sollte. Regelmäßige Zeiträume einzuplanen, an denen das Team über seine Werte und den aktuellen Rahmen sprechen kann, ist unglaublich wichtig und wird oft vernachlässigt. Es bietet sich an, Mitarbeiter zu haben, die sich darauf spezialisieren, die Unternehmenskultur und die Arbeitsmethodik zu pflegen und ein Auge darauf zu haben.

Die Umsetzung ist der wichtigste Teil des gesamten Buches. Denn häufig entstehen Agilität und Erfolg dadurch, dass wir »einfach mal machen« und etwas ausprobieren. Du kannst mit dem Weg beginnen, den ich in diesem Buch beschrieben habe, doch ich garantiere dir, dass du innerhalb der nächsten Monate deinen eigenen Weg entwickeln wirst.

Wenn du allerdings nur eine einzige Sache aus diesem Buch umsetzen willst, dann sollte es die Ausrichtung deines Teams auf Quartalsziele und die konsequente Umsetzung dieser Ziele sein.

## Der Geheimtipp

Zum Abschluss möchte ich ein Geheimnis mit dir teilen, das alles verändern kann. Du hast bestimmt schon häufig gehört, dass du alles schaffen kannst, und wenn du hart genug arbeitest, dann werden sich deine Träume erfüllen. Dazu sind ein positives Mindset und die Visualisierung deiner Ziele wichtig. Du hast jetzt dieses ganze neue Wissen und bist bereit, die Welt zu verändern. Dann legst du dieses Buch zur Seite und der Alltag kommt. Die täglichen Herausforderungen konsumieren deine Zeit, und auf einmal steckst du im gleichen Trott wie vorher.

Du weißt zwar, dass das Schärfen der Axt, sprich: regelmäßiges Reflektieren, dir helfen würde und du kreativ auf neue Herausforderungen reagieren solltest. Aber irgendwie bist du gestresst und dir fehlt die zündende Idee. Deine Kollegen, dein Team, dein Unternehmen – niemand will sich wirklich verändern, und das Arbeiten in Sprints, das Formulieren von Ergebnissen, alles klappt nicht so richtig. Die Antwort darauf ist allzu menschlich: Es liegt an unserem Gehirn.

Im Gehirn gibt es die Amygdala (auch Mandelkernkomplex), die du spürst, wenn Angst oder Wut in dir hochkommen. Da ich Informatiker und kein Neurowissenschaftler bin, fasse ich das Ganze in meinen eigenen laienhaften Worten zusammen: Wenn du in eine sehr stressige Situation kommst, schaltet dein Gehirn häufig in den Überlebensmodus. Stress kann zum Beispiel sein, dass eine wichtige Präsentation ansteht oder du eine Aufgabe erledigen musst, bei der du die Lösung noch nicht kennst. Stress wird auch durch Abgabetermine produziert, beispielsweise wenn du mit deinem Team nur noch vier Wochen Zeit hast, um euer Produkt bei einem Investor vorzustellen. Ein häufig unterschätzter Motor für Stress ist unsere eigene Ungeduld. Wir haben eine Idee und wollen sie sofort umsetzen.

Dieser Stressmodus wird von deinem Körper mit »weglaufen, kämpfen oder totstellen« übersetzt. Genauso, wie wir es vor tausenden von Jahren in der Wildnis getan haben. Im Geschäftsalltag wählen wir häufig den Kampf und erledigen unser Problem. Sobald jedoch dieser Modus aktiv ist, haben wir nicht mehr den vollen Zugriff auf unser Großhirn. Das ist, als wenn du in den Hochdrehzahlmotor eines Formel-1-Wagens E10-Benzin gibst. Die Leistung kann nicht mehr abgerufen werden und langfristig kann es zu einem Motorschaden (Burnout) führen. Wenn wir neue Methoden einführen, wie beispielsweise agiles Arbeiten, setzen wir unsere Teams häufig großem Stress aus. Sobald wir unter Stress sind, sinkt die Neuroplastizität unseres Gehirns. Diese beschreibt unsere Fähigkeit, die Nerven innerhalb unseres Gehirns neu zu gestalten. Wenn du beispielsweise das Glaubensmuster hast, dass du erst einen Studienabschluss haben musst, bevor du eine Firma gründen kannst, und diesen Glaubenssatz verändern willst, muss dein Gehirn die alten Verknüpfungen lösen und neue Verbindungen aufbauen.

Je stärker wir unter Stress sind, desto größer wird unsere Amygdala und desto geringer die Neuroplastizität. Das Geheimnis ist ganz einfach: Unter Stress wirst du keine Veränderungen gestalten, sondern deine gewohnten Muster verwenden. Wenn du dich also mal wieder fragst, warum sich in deinem Unternehmen nichts bewegt und du auf der Stelle zu treten scheinst, dann atme kurz durch und mach dir deine Situation bewusst. Hast du gerade wirklich ein Problem? Also genau jetzt, in dieser Sekunde? Wenn ja: Was ist der kleinstmögliche Schritt, um es zu lösen? Wenn nein: Super!

Ich bin der festen Überzeugung, dass wir selbst für unser Umfeld und unsere Lebensfreude verantwortlich sind. Jeden Tag gehen Millionen von Menschen ins Büro und verbringen ihre Zeit damit, etwas zu tun, das hoffentlich das Leben von jemand anderem bereichert. Da du dieses Buch bis zum Ende gelesen hast, gehörst du zu den Menschen, die da draußen auf der Welt etwas verändern werden, und ich glaube fest daran, dass du das auch kannst!

**Ich bin der festen Überzeugung, dass wir selbst für unser Umfeld und unsere Lebensfreude verantwortlich sind.**

## Zusammenfassung Teil 3

Wenn ich kurz zusammenfassen müsste, was die erfolgreichen von den supererfolgreichen Unternehmen unterscheidet, dann ist mein Fazit dieses:

Baue dezidiert Teams auf, die untereinander stark vernetzt sind und maximale Verantwortung für ihr Produkt haben. Diese Teams sollten radikal auf den Kunden und dessen Bedürfnisse ausgerichtet sein. Die Teams umgibt ein Rahmen, der beschreibt, warum es die Teams gibt, was ihre gemeinsame Vision ist und welche Werte und Prinzipien wichtig sind. Dieser Rahmen ist genauso heilig wie jeder einzelne Mensch, der dort mitarbeitet. Die Verbindlichkeit in der Messbarkeit von Zielen und die konsequente Ausrichtung der Teams auf das Erreichen dieser Ziele bringt Klarheit, Orientierung und führt dazu, dass jeder seine PS auf die Straße bringt.

# Danksagung

Ich möchte mich besonders bei meiner Lebensgefährtin Märthe bedanken, ohne die dieses Buch nicht entstanden wäre. Danke für deine Geduld, deine Energie und die unzähligen Stunden, in denen wir über den Inhalt dieses Buchs diskutiert haben.

Danke an meinen Geschäftspartner Kevin, der Raum und die Zeit gab, um zu schreiben. Ich freue mich auf die Jahre, in denen wir gemeinsam die Welt verändern werden.

Danke an meine Weggefährten, durch die ich diese Erfahrungen machen durfte. Dabei bedanke ich mich besonders bei den Menschen, die mich am meisten herausgefordert haben. Durch euch durfte ich lernen und wachsen.

## Über den Autor

**Fabian Schaub**, geb. 1990 in Diez, studierte Informatik und arbeitet seit einem Jahrzehnt als Berater, Unternehmercoach und Keynote Speaker. Er gründete die Digital Native Xperience GmbH, um Unternehmen und Menschen dabei zu unterstützen, Umfelder zu schaffen, in denen jeder sein volles Potenzial ausschöpft und Spaß haben kann. Dafür entwickelt er gemeinsam mit Unternehmern einen individuellen Rahmen, in dem jeder Mitarbeiter Klarheit und Orientierung findet. In der Verbindung dieses Rahmens mit Sinn und Leidenschaft entsteht ein Umfeld, in dem Menschen und dadurch auch Unternehmen Höchstleistung erzielen können.